1+1+1的UNIQLO時尚疊穿術

知名日雜編輯
伊藤眞知—著
嚴可婷—譯

前言

大家好，我是伊藤真知。

我今年四十歲，自大學畢業進入出版社工作以來，從編輯的角度構思編排的內容、撰寫相關文章，在時尚雜誌界已有將近二十年的資歷。

我在三十歲以後離開公司，現在是自由接案的特約編輯，每月以女性雜誌為主，負責各式各樣的專題企劃，讀者群較成熟的有《VERY》、《Marisol》，稍微年輕一點的則是《BAILA》、《with》。其中策劃過最多次的品牌或主題，應屬「UNIQLO」了，如果以頁數來看，累積起來有將近一百頁之多。

每一次的企劃，我都會留意怎麼安排才會比較有趣，或是更簡單易懂，但是頁數有限，而且還有其他內容的考量，想要面面俱到滿足所有讀者，仍有許多不足。

二十幾歲與四十幾歲的人需要參考的內容不同，是否在職也會影響到自身打扮的風格。

正因為如此，我希望跨越世代與個人品味，不受限於雜誌的型態，無論讀者本身是否常穿UNIQLO，或根本不知從何挑選，我想藉由自己擔任編輯的經驗，將我從專業人士身上學來的「穿搭UNIQLO的樂趣」匯整在這本書中，真實誠懇地傳達

UNIQLO
MIX
STYLE

給大家。

不論你現在是二十幾歲或四十幾歲，是上班族或忙於育兒的母親；喜歡甜美的風格或酷帥的打扮，都不成問題。

「UNIQLO 的衣服要怎麼搭配才會更好看？」
「如果不想讓別人覺得自己常穿同樣的衣服，該怎麼辦呢？」
如果你正在為這些問題煩惱，建議你一定要參考這本書。

就像 UNIQLO 的衣服會讓許多人覺得「簡單舒適」，為了讓更多人輕鬆地參考這本書，我也會維持相同原則，不列出複雜難解的教條，而是盡可能寫得簡單、明瞭、易上手。

「妳今天看起來特別可愛喔！」如果有人這麼說，那就表示成功了！
「這是哪個牌子的衣服？」要是有人這麼問，那就值得喝采。
「這件衣服呀，是 UNIQLO 的喔！」——為了讓大家都能充滿自信地這樣回答，這本書只收錄每個人都能做到並確實有機會運用的穿搭技巧。

UNIQLO
Styling
Method

1

將「精神為之一振」與「讓自己安心自在」的衣物互相搭配

譬如把一眼看到就很喜歡、立刻買下來的裙子，與常受到稱讚「很適合你」的針織衫搭配在一起。只要有「穿著就很開心」與「穿著就很安心」這兩種元素，就能襯托出兩者的特色。正因為到了這個年紀，不能再像年輕時那樣任意嘗試，所以選了一件流行的單品，就要搭配另一件令自己安心的衣服。想要充滿自信地嘗試流行，成熟女性果然少不了基本款的服飾。

針織衫：**UNIQLO**
長裙：WRAPINKNOT
T恤：Acne Studios
圍巾：Joshua Ellis
提籃包：Té chichi
鞋子：PATRICK

襯衫（男裝）：**UNIQLO**
長褲：**UNIQLO**
針織衫：GALERIE VIE
耳環：JUICY ROCK
包包：JIL SANDER NAVY
鞋子：JIMMY CHOO

UNIQLO
Styling
Method
2

「稍微發揮小巧思」很重要

自從過了35歲以後，
原本適合自己的衣服漸漸變得不合身，
體型的變化也令人煩惱，
跟過去相比要花費更多心思搭配衣服。
在這種情況下，
比較得體的搭配是針織衫與長褲，
裡面再試著疊穿一件襯衫。
就算只差了幾公分、幾公釐，
光是多添加一件衣服，
就能讓心情變得更美。

UNIQLO
Styling
Method
3

無需做作，
但是在某些細節一定要「女性化」

穿上高跟鞋、稍微露出肌膚、捲起頭髮……
打扮並不是為了更受歡迎或者聽到讚美，
而是為了「今天即將遇到的人們」。
能夠以這樣的出發點裝扮自己的人，
我真的覺得很棒，而且心態很成熟。
儘管不必大費周章才是目前時尚的趨勢，
不過身為女性，當然還是稍微有點「女人味」最好！
所以請不要忘記，每天都要稍微妝扮自己。

長褲：**UNIQLO**
上衣：ESTNATION
帽子：KIJIMA TAKAYUKI
鞋子：NEBULONI E.

UNIQLO
Styling
Method
4

正因為是成熟女性，「保持玩心」比盛裝打扮更重要

愛美的人當然會嚮往奢華的夢幻逸品，
不過有時候保留一點玩心，享受平價搭配也不錯，
有時是因為莫名喜歡某個色系，光是拿著就感到療癒。
只要心情好，就能享受打扮；
能夠享受打扮，就會想跟人碰面。
簡單的穿搭加上些許「玩心」，
光是如此，就能讓今天過得更愉悅。

運動衫（男裝）：**UNIQLO**
T恤：Uniqlo U
牛仔褲：upper hights
包包：BEAUTY & YOUTH
鞋子：NEBULONI E.

由於工作的性質，總讓人覺得我應該很擅長穿搭。

不過起初我根本不懂怎麼搭配，看到喜歡的衣服，完全不加思索就買下來。在二十幾歲時，我很容易受到「乍看之下很可愛，但是根本不好搭」的衣服吸引，像是橙色的風衣、破損得太誇張

外套：**UNIQLO**
連帽衣：**UNIQLO**
襯衫（男裝）：**UNIQLO**
牛仔褲：STUNNING LURE
包包：CHANEL
圍巾：yusamizu

雖然在時尚雜誌圈工作，在我衣櫥裡最常穿的衣物，有五成是UNIQLO。

的牛仔褲等，我的穿著總會有某些稍顯突兀的地方。

直到某一次，因為工作的緣故，連續幾天都無法回家，於是就近買了款式簡單的針織衫，這也是我嘗試UNIQLO衣物的開始。

我本來想，這件衣服只要能湊合一天就好，沒想到跟手邊「可愛但是不好搭配」的衣服一起穿在身上，竟然非常協調，順眼得令人訝異！

於是不知不覺間，我的衣櫥裡出現UNIQLO各種款式的衣服，有些甚至成為穿搭的主角，穿著UNIQLO的日子也最常受到誇獎。

既然從事跟時尚相關的工作，對於流行或品牌當然會感興趣。不過對我而言，還是能讓我提振精神、心情愉快才是最重要的。我想，正是UNIQLO的基本款服飾，將我導向符合「現實生活」的打扮。

然而，並不是任何「UNIQLO」的衣服都好。經歷過許多失敗，加上時尚編輯的專業經驗，最近我才漸漸地掌握到UNIQLO的穿搭方式。重點在於──「有質感」與「適合自己」。

以下我將為大家介紹挑選這類單品的秘訣。

CHAPTER 01;

如何挑選適合成熟女性的「高質感 UNIQLO 單品」？

CONTENTS

UNIQLO
MIX
STYLE

02; CHAPTER

我的衣櫥裡不可或缺的十款 UNIQLO 經典單品

03; CHAPTER

「真的嗎？好便宜！」價錢經常令大家吃驚的「超越價值、超高質感穿搭法則」

CONTENTS

UNIQLO
MIX
STYLE

04; CHAPTER

讓「UNIQLO 只佔五成」的成熟女性搭配技巧

※ 在本書中刊載的 UNIQLO 及其他品牌商品，皆為作者私人衣物。其中有些已經在市面上停售，恕不提供各項商品價格與販售通路，請讀者見諒。此外，請大家不要再向各品牌洽詢。

CHAPTER

01;

UNIQLO
MIX
STYLE

如何挑選適合成熟女性的

「高質感UNIQLO單品」?

別認定「反正就是從 UNIQLO 裡挑一件」，而是「因為這件衣服很好，所以我選了 UNIQLO」。

起初我穿 UNIQLO 只是為了臨時湊合手邊的衣服，現在 UNIQLO 已成為我衣櫥中不可或缺的存在，是真的發自內心覺得「這件衣服很好」才購入。而我選購 UNIQLO 時最重視的一件事就是「質感」。

「有質感」可以解釋為「看起來不像便宜貨」，不過現在的 UNIQLO 經研發改良後都有一定品質，所以不會看到感覺廉價的成衣。如此一來，想要提升穿搭的質感，究竟什麼才是重點呢？詳細的內容我將在各章介紹，不過「質地」與「色彩」是基本中的基本。

另外還有一項標準，比「質地」與「色彩」更應該注意，那就是「尺寸」。UNIQLO 有分成女裝、男裝、童裝，網路商店可供選擇的範圍很廣，最小至 XS，最大至 3 XL，所以極有機會找到適合自己的衣服。不論什麼類型的衣服，只要尺寸適合自己的體型，看起來就會合宜，凸顯品味。也就說明了「尺寸」影響質感。

所謂適合自己的衣服，並不是單指衣服合身。像最近流行 oversize 的衣服，不過以這種穿法來說，比起穿女裝大一號，選穿男裝小一號或許更為合適。大件的連帽大學 T 也是如此，選對「適合自己的寬鬆尺寸」，給人的印象就會有所不同。

UNIQLO 商品的品項之多，不難想像。雜誌與電視幾乎每天都有特集，愛打扮的年輕女孩在 instagram 分享自己的穿搭，因為穿搭好看而獲得眾人關注，也帶動商品熱銷，當商品成為「人人都喜歡、人人都擁有」的款式時，要找出真正適合自己的穿著風格，質感與版型的些微差距將成為時尚關鍵！我想，找出「屬於自己的 UNIQLO」，正是與 UNIQLO 相處融洽的第一步。

能讓衣服看起來更有質感的素材

「有質感」正如字面意義，材質好，也就是素材佳的意思。在日常生活中穿著的衣服，應該以符合實際需求為優先，比起真正的高級品，只要能襯托出「質感」其實就夠了。不過UNIQLO的服飾多以簡單的款式為主，材質是好是壞，很容易成為注意力焦點。儘管品牌本身品質水準不差，仍需慎重地選擇。

看起來會顯得更高級的質料，首先要介紹的是**「BLOCKTECH」**。**這是運用在風衣等衣物的素材，特徵是光滑而筆挺**。這裡提到的「筆挺」很重要，反過來想可能更好懂，如果容易產生皺摺，或是質料太單薄，則會顯得廉價。**不過即使在薄料的質地中，也有像「EZY九分褲」或「嫘縈女裝襯衫」等單品不容易皺，值得推薦**。

此外，**「精紡美麗諾羊毛針織衫」，採用極細精紡羊毛，看起來更有質感**。針織衫類的衣物，編織的針眼越粗，看起來越休閒，如果希望看起來更細緻，精紡衣物的效果比較好。起毛球或起絨毛都會造成廉價的印象，所以挑選的重點在於毛料有無經過特殊加工，不易起毛球。

BLOCKTECH 素材

在常穿的白 T 恤與緊身褲之外，再披上一件 BLOCKTECH 素材的風衣，視覺效果會顯得更豐富。對於大衣等佔大面積的衣物，選擇看起來有質感的素材，可以迅速提升穿搭的格調。

外套：**Uniqlo U**
T 恤：Acne Studies
長褲：MOUSSY
包包：Clare V.
戒指：Chloé

最好搭的顏色是成熟的基本色

黑色是最有提升效果的高級色。
只要不會反光發亮、或是褪色泛白，
外行人幾乎看不出等級上的差別。
黑色可以讓價格平易近人的
嫘縈衣物看起來像絲質，
對於成熟的穿搭風格，
這種魔法般的色彩不可或缺。

全部衣物：**UNIQLO**

BASIC COLOR
1 BLACK

就某種意義來說，顏色比起質料更能製造視覺效果。容易搭配的基本色，也比較能襯托出質感，讓每個人都能輕鬆營造出「優雅時尚」的感覺。

在基本色當中，最值得推薦的是黑色、褐色系、海軍藍。黑色與海軍藍也適用於婚喪喜慶的場合，實用性無庸置疑。褐色系嚴格說來還可以分成米色與焦糖色，色彩與質料之間的平衡感也很重要。

正因為色彩是打扮的重心，所以先試著駕馭基本色吧！因為流行色正是以此為出發點變化出來的。

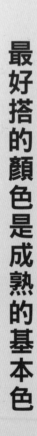

褐色系適合基本款，也適合流行服飾；可以作為主角，也可以當配角。從米色到茶褐色，範圍其實很廣；
這種獨特的溫暖，可以增添灰色所缺乏的高級感。最值得選購的首推米色與焦糖色。
淺米色的筆挺衣物，以及柔軟富有質感的深焦糖色，會讓衣服變得高雅。

BASIC COLOR

2 BROWN

本頁所有衣物：**UNIQLO**

範圍很廣的「褐色系」要選擇質料

BASIC COLOR

3 NAVY

「海軍藍」要選較深的藍黑色

海軍藍跟黑色一樣，可以在正式場合穿著。由於比黑色明亮，如果運用在大面積的衣物上，
譬如後面會介紹的男裝單品或長褲等，也不致顯得暗沉，這是海軍藍的優點。
不過在挑選時，最好避免藍色太鮮明的色彩，因為太亮會失去高級感。

對於細節與衣物長度，要避免「不上不下」

近幾年來流行特大尺寸的衣服，所以我也穿過寬鬆得彷彿要從肩膀滑落的衣服與寬褲。不過**最適合我的衣著，其實是小件的上衣、合身的長褲及長裙**。無論是否符合當下的時尚潮流，我覺得這樣的穿著確實有著**「修飾身形」**的效果。

想要打扮好看，跟前面提到的「素材質感」也有關係。

雖然稍微有點離題，不過試問穿著大一號西裝的年輕人，跟雖然小腹微凸但穿著合身西裝的中年大叔相比，應該後者感覺比較帥氣吧？**如果是經過特別設計的寬鬆倒無妨，但長度半長不短，或是領口過寬，看起來並不美觀。**如果看起來不俐落，就會喪失清潔感與高級感，而且缺乏魅力與韻味。

不必凡事都要追隨流行，對於時尚潮流可以「有主見」地嘗試。正因為簡單的衣服只要差了幾公釐、幾公分，打扮的感覺就會完全不同，所以最重要的是揮別讓自己看起來不漂亮的「尷尬款式」。

恰到好處
圓領針織衫

領口包覆頸根，
看起來相當合身。
領口越能貼合頸根線條，
感覺越有格調。

針織衫：**UNIQLO**
長褲：beautiful people
包包：ZANCHETTI
女鞋：Christian Louboutin

恰到好處
長裙

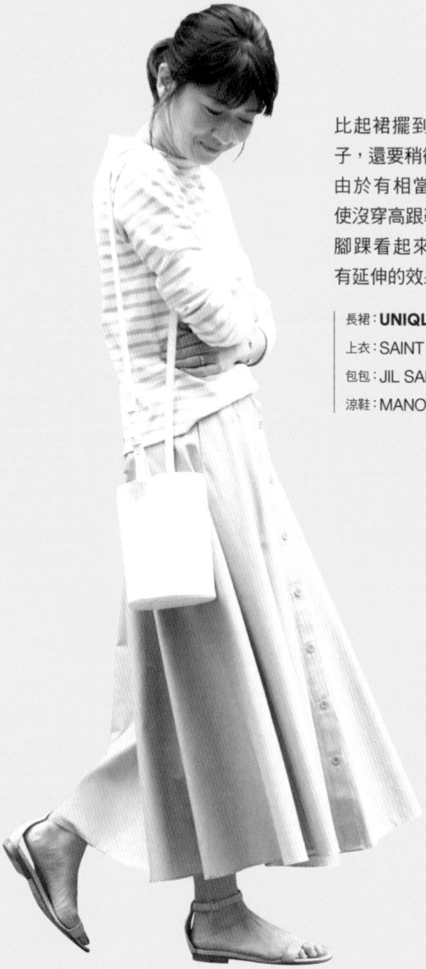

比起裙擺到小腿肚的裙子，還要稍微長一些。
由於有相當的長度，即使沒穿高跟鞋，
腳踝看起來會比較細，
有延伸的效果。

長裙：**UNIQLO**
上衣：SAINT JAMES
包包：JIL SANDER NAVY
涼鞋：MANOLO BLAHNIK

這樣的弧度
有些「不上不下」

圓領跟 V 領不同，
如果領口低到鎖骨以下，
則毫無修飾作用，
會讓臉看起來更圓。

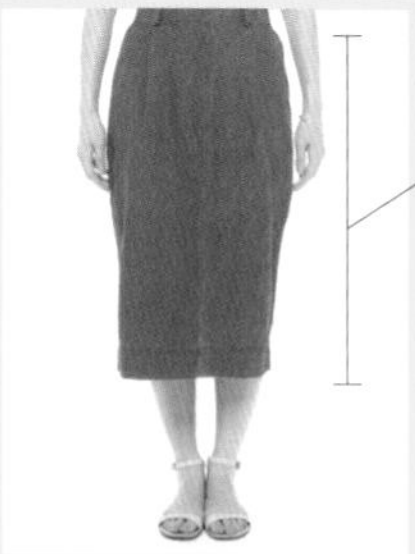

這樣的長度
有些「不上不下」

露出膝下最粗的小腿肚。
因為只遮住了膝蓋，
讓腿看起更粗，
也變得像 O 型腿。

最適合的尺寸，取決於「如何穿著」

只要**掌握最適合自己體型的「基本形式」**，就可以因應想要表現的風格，試著替換尺寸。譬如我本來適穿M號的針織衫，如果搭配帥氣的牛仔褲，又希望流露女性化氣質，則S號剛剛好；要是想穿寬鬆的連帽衣，則適穿男裝的M號。如果像這樣配合穿搭更換上衣尺寸，整體的感覺也會有所不同，更能掌握時尚感。**能夠不受限於男裝、女裝的差異，自由選擇，隨興穿搭，這也是穿搭UNIQLO獨有的樂趣。**

BEST SIZE
CHOICE

女裝的
Ⓢ號

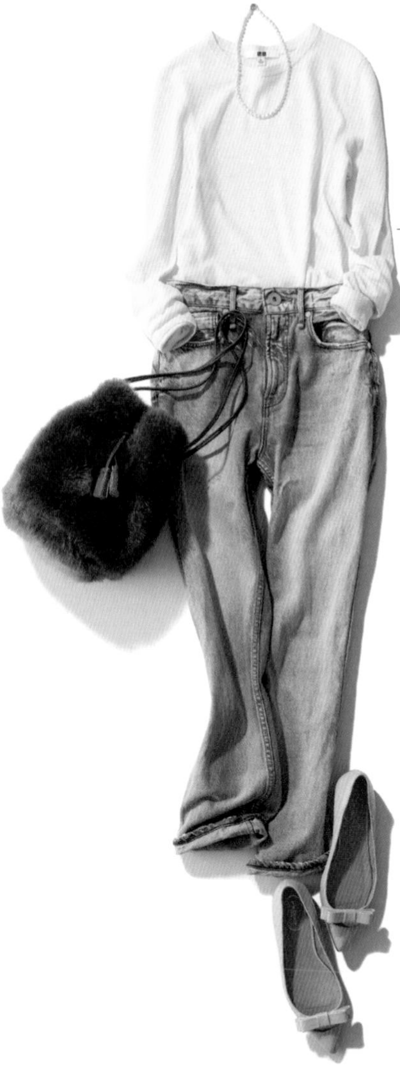

褪色的灰色牛仔褲顯得男性化，
可藉由合身的S號針織衫營造出女性纖柔的感覺。
針織衫的下擺必須扎進褲子。
藉由與寬鬆的牛仔褲形成上窄下寬的對比，
讓腰看起來更細，也更顯時髦。

針織衫：**UNIQLO**
牛仔褲：upper hights
項鍊：CADEAUX
包包：BEAUTY & YOUTH
女鞋：J&M DAVIDSON

BEST SIZE CHOICE

男裝的 M 號

如果理想中的連帽衣最好像是「男友的衣服」，
那麼乾脆直接買男裝。
男裝 S 號對於個子小的我來說，尚嫌太大，
但是要呈現寬鬆感又稍嫌不足，
這時不如毅然選擇 M 號，符合時下流行。

連帽衣（男裝）：**UNIQLO**
T 恤：Uniqlo U
裙子：UNIQLO
提袋：YAECA
球鞋：PATRICK

BEST SIZE CHOICE

男裝的 XS 號

如果要在都會中穿著展現陽光氣息的短褲，
上衣適合搭配襯衫，這樣才不致顯得邋遢。
不過，為了不破壞休閒的氣氛，襯衫下擺要放出來。
這時男裝的 XS 襯衫不會整件蓋過短褲，
又有寬鬆瀟灑的效果，再適合不過！

襯衫（男裝）：**UNIQLO**
短褲：Santa Monica
圍巾：ASAUCE MELER
墨鏡：MOSCOT
提籃包：Té chichi
高跟鞋：3.1 Phillip Lim

我的身高只有155公分，卻喜歡從UNIQLO男裝部逛起

我的個子嬌小，或許令人匪夷所思：「妳需要逛男裝部嗎？」理由很簡單，因為在這裡很快就能找到時下流行的「oversize衣物」。

儘管要找「oversize衣物」，卻不是只要尺寸大就好。假設選L號的女裝襯衫，雖然與S號、M號的袖長及衣擺長度差距不大，衣身寬度卻多出許多。但若是S號男裝襯衫，袖長及衣擺

女裝的 M號

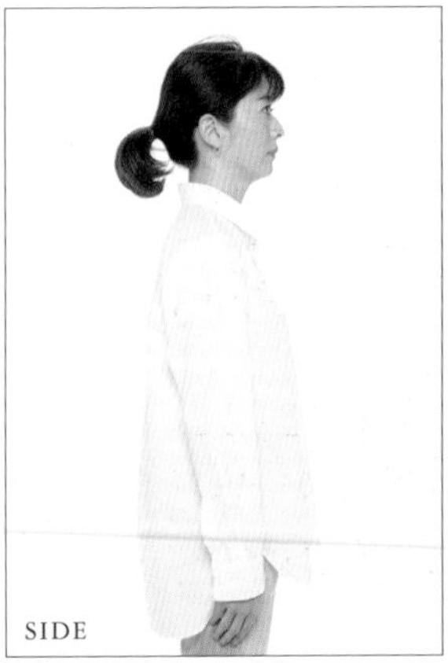

男裝的 S號

即使只是簡單的襯衫，男裝跟女裝之間也有這樣的差別

（上）相對於女裝從胸部到腰之間保留相當的空間，男裝的衣身寬度比較窄，在設計上腰身會稍微變細。如果穿在針織衫底下，也比較伏貼，適合疊穿的搭配。

（下）衣擺的長度其實沒有太大差別，但是袖長可以一目瞭然！男裝的袖口比較長，幾乎遮蓋手背。

襯衫（女裝）：**UNIQLO**

免燙顯瘦襯衫（男裝）：**UNIQLO**

長度長了一些，衣身寬度卻不會過於寬鬆。**當女性穿著oversize衣物時，最好看起來寬鬆卻「不顯得臃腫」，所以小號的男裝襯衫是最佳選擇。**

順帶一提，我幾乎都是在UNIQLO實體門市購買，不過網路商店還有XS號提供選擇。如果單穿一件襯衫，不希望顯得太大件，又想把衣擺放出來，長度最好要恰到好處；這種時候就可以善加利用網路，尋找適合的男裝單品。

我在男裝部買的幾乎都是上衣，有時候也會選外套。我的目標主要是oversize衣物；有時候看到女裝部很罕見的茶褐色單品，也會令我心動。

針織衫：**UNIQLO**
長褲：Mila Owen
包包：BEAUTY & YOUTH

以搭配度來說，男裝是第一名！

針織衫（男裝）：**Uniqlo U**
耳環：JUICY ROCK
絲巾：manipuri

我在「Uniqlo U」購買的海軍藍針織衫，是男裝的 S 號。領口也比女裝稍微寬鬆舒適些，讓我對過去覺得太緊、感到排斥的高領衫改觀，開始轉為喜歡。
也很適合像照片一樣，繫上絲巾搭配。

如果覺得只穿簡單的針織衫與牛仔褲稍嫌單調，
可以利用格紋襯衫點綴。
恰到好處的長度給人的印象最好，
格紋的圖案接受度高，簡潔俐落的風格也是魅力之一。

針織衫（男裝）：**UNIQLO**
襯衫（男裝）：**UNIQLO**
圍巾：Johnstons
牛仔褲：CLANE
包包：GORDIE'S

不論選擇哪一種上衣，我的原則是儘可能露出前臂。
先把袖口反折到手肘，接著把折起來的袖子再反折。
像這樣簡單自然的穿法看起來很瀟灑，
應該是「袖子夠長」的男裝特有的效果。

針織衫（男裝）：**UNIQLO**
牛仔褲：atespexs
耳環：chigo
包包：FURLA

我喜歡選購男裝的原因還有一個，那就是設計跟女裝相比較為簡潔，比較容易搭配。

譬如在領口的部分不會為了裝飾而安排開口，袖子與腰部既沒有不必要的抓摺，也不會收束變窄。為了考量到女性的體型，衣物的細節容易運用約定俗成的設計，反而造成不便，但是男裝沒有這樣的問題。而且更令人高興的是，由於保有恰到好處的寬鬆度，不論要捲起或是疊穿，都很方便。

簡單的衣物可以搭配出變化，但是繁複的衣物很難簡化。就這一點來說，基本款的男裝容易搭配，在穿搭時是相當優秀的單品。

如果發現很喜歡的單品，要趁早多買幾件

UNIQLO最值得一提的就是「價格平易近人」。能夠毫不猶豫地同時買下好幾件，也是一大魅力。

暢銷商品經過改良後，翌年還有可能登場，有時候會如我們所願，但相反地也可能就此從市場上消失……這是個人喜好的問題，無所謂好壞。不過，如果不想為錯過去年的款式而後悔，**穿了二、三次以後，覺得「這件很實穿」的單品，建議趁早多買幾件備著**。

我通常會出現失誤的原因，在於心想「既然要重買，這次稍微作點改變好了」，於是選了不同顏色或尺寸。譬如舊的海軍藍T恤因為穿得很頻繁，已經洗到褪色了，去門市買新T恤替換時，心想「已經穿過好一陣子海軍藍了，黑色應該也可以吧」，於是改買黑色。不過我的長褲是褐色的，我喜歡海軍藍搭配褐色的感覺，總覺得黑色不是那麼協調。這麼一來，最後只是讓衣櫥變得更滿而已。

只要顏色或尺寸不同，就等於「另一件衣服」。如果發現真的很喜歡，還想再買一件的衣服，就毫無懸念買完全相同的款式吧！

這款「Uniqlo U」的 T 恤在 2017 年問世時，
呈現洗舊的風格，
自 2018 年起重新升級，
替換為帶有光澤的布料。
質料經過進化變得更亮眼，
穿搭可能性也更多元了。

| 全部衣物：**Uniqlo U**

勇於放棄「不適合自己」的 UNIQLO 單品

雖然我的確很喜歡 UNIQLO，但是到今年春天為止，有兩種單品我還沒買過，那就是「裙子」與「牛仔褲」。這類衣物不論是攝影時看到模特兒穿著的效果，或是實際拿在手上，感覺都很好。不過如果由我來穿，裙子的長度稍嫌不足，牛仔褲的話在大腿上方會形成折痕，讓我遲遲無法下定決心。即使我試過不同尺寸、不同款式，幾乎都不太適合。

正如我在前面曾提過，選擇「能讓自己的體型顯得好看」的衣物，是打扮時不容妥協的原則。儘管 UNIQLO 的品項眾多，但是**每個人的體型都不同，有些人適合，有些人不適合，這是理所當然的。**

連試都不試就排斥當然不好，不過我們沒有那麼優渥的時間與預算。不論衣服有多流行，如果不是真的很喜歡，不買才是明智的選擇。

為了避免衝動購物，應該注意的要訣

Hint 01

尺寸當然重要，但是顏色的影響也很大，即使重買常穿的單品，仍然要試穿。

買衣服時確認尺寸是基本中的基本，
不過「顏色」也非常重要。
雖然在鏡子前拿衣服比一下就知道，
但還是有很多細節，要實際試穿以後才知道，
譬如以前穿米色圓領T恤覺得很合適，
但是換上海軍藍的V領T恤發現更好看！
像這樣的例子不勝枚舉。
正因為會「買錯顏色」，
所以一定要試穿。

Hint 02

理想的店面最好「寬廣」，勝過「狹長」。在「方便挑選」的門市買衣服吧！

店面超過一定的坪數，賣場就必須分樓層陳列，
不過我建議盡量挑選
男裝與女裝位於同一樓層的寬廣店鋪。
因為我很怕麻煩，如果有分樓層，
除了有些地方會直接略過，
經過比較以後，就算喜歡的商品在樓上，
往往懶得再走上去，反而買了不需要的東西，
或是錯過了真正想買的衣服。
UNIQLO 每家門市進的商品都不盡相同，
在小型店面也可能有許多意外的發現，
所以要選容易挑選、逛起來舒服、
單品量多適合自己的店面。

Hint 03

在買新衣服之前，一定要確認自己的衣櫥！

為了減少不必要的購買，
首先要掌握自己擁有的衣物。
詳情後面將會提到，我的衣櫥不是以款式分類，
而是依照顏色分類，這樣比較容易掌握整體的狀況，
大幅減少買錯衣服的可能。
如果只買「非買不可的衣物」，譬如白襯衫等，
買衣服的樂趣會大幅減少，
所以只要掌握「自己擁有的衣物」就沒問題！
把花費在「幾乎都很像的衣物」的預算，
改買「讓自己有所不同的單品」吧。

我常去 UNIQLO 的五反田 TOC 店。在一個樓層陳列出所有衣物，讓買衣服更有效率！

不僅貼身衣物值得挑選，其他配件也實用好搭

時裝雜誌經常推出企劃案，教大家如何透過穿搭因應夏日的酷暑與冬季的嚴寒，並且向讀者進行問卷調查，其中幾乎一定會出現的是「HEATTECH吸濕發熱衣」與「AIRism輕盈涼感衣」。這是眾所周知的兩種機能內衣，可說改變了世界的夏季與冬季，堪稱名品中的名品！我自己在冬天裡也幾乎少不了吸濕發熱衣，今年冬天也經常穿。

順帶一提，我自己會**在UNIQLO網路商店購買男裝XS號的吸濕發熱衣**。緊貼著肌膚的女裝吸濕發熱衣會讓人顧慮腋下出汗等問題，但是男裝版稍微留有一些空隙，所以不必擔心。而且袖口有彈性，把袖子捲起來時不會滑落，很實穿。另外有種秘密穿法是讀者教我的，那就是**在吸濕發熱衣底下穿輕盈涼感衣，這樣就不會因為太悶熱而流汗**。

除了內衣以外，UNIQLO還有其他配件類也很優秀，譬如包包、帽子、襪類及居家服等。依照自己的喜好穿搭別有樂趣，而且逛起來像在尋寶似的，請試著發掘隱藏版的名品。

UNIQLO 的帽子都很可愛

「UNIQLO X Inès de la Fressange」的聯名款帽子。
深灰色這頂帽子在內側有附細繩，
可以調整頭圍的大小，是款相當不錯的配件。

為了讓 HEATTECH 穿得更自在，可以搭配 AIRism

保暖的「吸濕發熱衣」與涼爽的「輕盈涼感衣」
搭配穿著，可以保持「適當溫度」。
在穿厚毛衣時，我經常這樣運用。

讓原本的睡衣變為「休閒風長褲」

這件細條紋的褲子，其實是居家服。
如果把褲管下襬裁剪掉，就擺脫了睡褲的印象，
像左圖這樣充滿休閒感地穿出門。

配件類也可以尋寶

這是我在「Uniqlo U」一眼看上的泳衣。
不論上下搭配同樣顏色，
或是稍微變化一下，都很可愛，
所以夏季旅行時，我會攜帶兩件不同色的泳褲。

「365 天的史奴比」！
可以選擇喜歡的日期，可以當禮物，
也適合印在居家服上

©Peanuts Worldwide LLC

透過日本 UT me 的網路商店，只要鍵入喜歡的日期，就可以在商品印上曾在這一天刊登的「PEANUTS」漫畫，這項特別企劃稱為「365 天的史奴比」。除了大人跟童裝版的 T 恤，還有男裝的連帽衣都可以完美客製，因為實在太喜歡，現在我家已到處都是史奴比了（笑）。這項服務也很適合用來送禮，譬如慶賀朋友生產的禮物，可以選擇印著小孩生日的托特包。如果托特包裡還附贈嬰兒尿布，相信朋友收到一定會很開心的。

*本服務僅限特定店鋪
*台灣僅有貼圖設計之客製化服務

CHAPTER

02;

UNIQLO
MIX
STYLE

我的衣櫥裡不可或缺的

十款UNIQLO經典單品

正因為穿 UNIQLO 會擔心撞衫，所以我選擇「根本看不出是什麼牌子」的超基本款

我問過不穿或沒穿過 UNIQLO 的朋友，「為什麼不試試？」幾乎每個人都回答「因為不想跟別人撞衫」。既然是這麼主流的品牌，跟別人重覆的機率當然很高，乾脆一開始就不選這類衣服，也是理所當然。

如果試著仔細思考「撞衫」可能的情形，應該是選了 UNIQLO 商品中特徵明顯的單品。譬如布料的紋樣很有特色，或是面積較大的連身裙、富有設計感的上衣……也就是「容易受到注目」的產品。

現在的衣服已經不像以前那麼獨特，市面上隨處可見基本款的衣物，如果不看標籤，根本分不出是哪個品牌的製品。不過也正因為如此，各式各樣的品牌為了吸引客人選擇自家的商品，在顏色、質料與細節都會多下一點功夫。不過這種種的「功夫」也造成了一些困擾。說來好像有點矛盾，儘管基本款的服飾到處都有，但是真正簡單又好穿的衣服其實很少。造形、顏色、

素材、設計，風格越鮮明，就越偏離大眾。UNIQLO全球店面多，非得推出暢銷的產品。不過UNIQLO與其他品牌最明顯的差異，在於沒有「多下一點功夫」的主張，因為越簡約樸素的設計，適穿的人越多；越簡單的產品，越能受到更多人支持，也會賣得更好。

也就是說，如果不確定在UNIQLO該買什麼，而且不想跟別人撞衫，就應該要選「受歡迎的單品」。成品說不定跟別的品牌雷同，但因為款式設計簡約，反而看不出差異（笑）。沒有強烈特色、容易搭配的衣物，優點是不太會出錯，只要好好運用這樣的單品，穿搭變化性將是無限，乍看之下也不容易發現「撞衫」。而隨著自己越來越掌握穿搭技巧，對打扮更有信心，或許也會變得不在意跟別人撞衫。

從下一頁開始，將介紹十款UNIQLO的經典單品，都是從我自己覺得滿意的購物清單中，精挑細選出來的。因為這些衣服都是熱銷單品，或許有些已經買不到了。不過也許選擇的標準可以提供一些靈感，請大家務必參考看看。

1

經典百搭的「高針織數圓領衫」

「極細美麗諾羊毛」針織衫，是我一整年除了夏季以外，經常穿著的薄針織衫。適合單穿，也適合疊穿。這款針織衫有很多顏色可以選擇，由於設計簡單，下半身不論是搭長褲、長裙或是短褲、短裙都很適合。此外，最棒的是高級的質感。**織法細密，觸感細緻，與高級品牌推出的高針織數針織衫相比，幾乎毫不遜色，可說是「高貴不貴」**的經典單品。

這款單品怎麼搭都很好看。由於這件針織衫本身看起來就很高級，**在穿搭帶有休閒風的衣物時**，像是褪色的牛仔褲或球鞋，**特別能展現成熟的風采**。我買了今年正流行的紫色、還有自己很喜歡的芥末色、百搭的深灰色與白色，其實只要準備好基本色與流行色各一件，就很容易搭配，也很好變化發揮。

另外，女性到了一定年齡以後，胸口會顯得比較單薄，所以我建議選圓領，會比穿V領看起來更健康。這款針織衫沒有安排多餘的開口，領口也設計得剛剛好，配上短項鍊時也能恰如其分地作為襯托，讓飾品顯得更出色。

因為採用極細美麗諾羊毛，
所以不像一般的羊毛針織衫會有刺刺的感覺。
只要裝進洗衣袋，就可以輕鬆機洗，
對肌膚與皮夾都很友善（笑）。

過一段時間就會流行的紫色，隨性穿著也很好看。為了襯托出這件針織衫的紫色高貴氣質與時尚感，配戴的飾品及下半身搭配的衣物要盡量簡單。

針織衫：**UNIQLO**
T恤：SLOANE
牛仔褲：upper hights
耳環：JUICY ROCK
太陽眼鏡：no eyedia
包包：ClareV.

UNIQLO
BEST ITEM

1

最近我常用有特色的衣服配深灰色針織衫。
不論是女性化的裙子或是有點酷的皮外套，
搭配起來都顯得高雅成熟，
如果想要挑戰時下正流行的單品，
穿搭時少不了這一件。

針織衫：**UNIQLO**
皮外套：beautful people
長裙：ATON
腰包：patagonia
球鞋：PATRICK

雖然我已經有紫色、深灰色、白色的針織衫，
但還是不假思索又添購芥末色，
對我而言這是能「提振精神」的色彩之一。
適合與朋友有約，或是準備達成艱難任務的日子，
以及睡過頭、要立刻決定今天穿什麼的早晨！

針織衫：**UNIQLO**
長褲：beautful people
帽子：SENSI STUDIO
包包：ZANCHETTI
涼鞋：OLD NAVY

2

小個子與懶人的救星——
「彈性腰圍錐形褲」

過去半年內，我買了六件「**EZY九分褲**」，這種褲子的特色是**腰間較為寬鬆，褲管呈錐形，漸漸收束變細。這樣的剪裁有修飾腿部的效果**，另外腰圍有彈性，也是我列為成熟衣穿著的主要原因。彈性腰圍＝輕鬆，大家很容易這樣想，其實更棒的是「**隱藏小腹**」！遮蓋住腹部所以腰圍上移，腿看起來會更修長。就算把上衣收進褲子，也不會顯得臃腫，除了符合當下流行的穿搭，在細節方面也設想周到。

另外還有一點也很吸引我，品名有註明是「**不必改褲管**」**的九分褲**。對於身高不高的我而言，買到的褲子都有點太長，必須額外修短。如果褲腳部分有特殊設計的款式，自然不在我的購買名單內。而這款長褲對我來說，穿上後大約是腳踝隱約可見的長度。漸漸變窄的錐形褲如果改短褲管，比例看起來會很奇怪，但如果是這款九分褲就不必操心，從買回來當天就可以直接穿搭。不論是低跟女鞋、平底鞋、帆布鞋，與各種鞋款搭配都很協調，這又是令人欣喜的一項特色。

出乎意料的是，我最常穿的是淺色或是有淡色的圖樣。
在梅雨季節結束前，溫差變化很大，
由於穿著開襟外套或層層穿搭，上半身顯得較為沉重，
有著淺淡色彩或圖樣的長褲，
正好在視覺上帶來平衡的效果。

深焦糖色與淡粉紅色的組合。
彷彿明治草莓巧克力「Apollo」
般既苦澀又甜蜜的配色，
是我非常喜愛的風格。
當衣服都屬於柔和的色調，容
易失去視覺焦點，
這時可利用些許白色作為點綴，
製造張力。

長褲：**UNIQLO**
針織衫（男裝）：UNIQLO
T 恤：Hanes
耳環：chigo
圍巾：Johnstons
包包：JIL SANDER NAVY
高跟鞋：Christian Louboutin

UNIQLO
BEST ITEM
2

如果不希望海軍藍長褲看起來像制服或套裝那麼正式，
可以選擇有格紋點綴的款式。
線條較細的窗格紋，大方且不會過於搶眼，
顯得有品味。
刻意搭配綠色上衣，是為了襯托出明亮的氣息。

長褲：**UNIQLO**
外套：beautiful people
羊毛衫：Deuxième Classe
耳環：JUICY ROCK
包包：J&M DAVIDSON
女鞋：THE SHINZONE

灰色是百搭的顏色，種類也很多。
這款九分褲的灰有分好幾種深淺，
我覺得好搭配的是淺灰色。
除了跟淺色衣物很相襯，也帶來沉穩收斂的感覺，
特別適合色彩柔和的初春衣物。

長褲：**UNIQLO**
夾克：**UNIQLO**
上衣：Deuxième Classe
耳環：chigo
包包：YAHKI
絲巾：manipuri
帆布鞋：CONVERSE

3

質感佳又深具洗練品味的「夏季亞麻襯衫」

每天都能過著毫無壓力的生活，是我的目標（笑）。對於日日貼合身體的衣服，我不僅在意外觀，更講求穿著舒適自在的感覺。我總覺得襯衫穿起來很拘束，唯有亞麻襯衫例外。**不僅透氣，就算流汗一下子就乾了。自己在家裡就能洗，可以遮蔽日曬，在冷氣房也能避免著涼**，像這樣優點不勝枚舉的「特級亞麻襯衫」，是我每年夏天最常穿的單品之一。

如果跟短褲或運動褲搭配，很有休閒的氣氛，所以**我的原則是選擇米色或灰色系這類有質感的顏色**。其中像左頁圖右的灰亞麻襯衫，連鈕扣的顏色都完全一致可說是一項優點。一般來說，襯衫的鈕扣多半是白色或象牙白。如果布料是比較明亮的米色倒也還好，但如果是灰色或黑色這類暗色系，白色鈕扣就變得過於醒目，甚至帶來廉價的感覺。雖然這只是個小細節，但卻也是判斷衣物是否能「倍顯質感」的重點之一。在挑選襯衫時，請試著多加留意。

當然是大地色系！
顯得雍容大方

亞麻襯衫不需要燙，
可以體驗不拘小節的隨興。
直接穿著輕鬆自在，
懶惰如我，覺得這是最大的優點。

充分利用亞麻輕盈的質地，
搭配短褲展現健康氣息。
不過，如果感覺太過清爽，
會有點像小男生，
所以可以藉由稍帶貴氣的配色，
搭配高質感的包包，
襯托出女性化氣息。

亞麻襯衫：**UNIQLO**
短褲：Santa Monica
草帽：qcillo & c
包包：CHANEL

UNIQLO
BEST ITEM

3

跟右邊展現的風格完全相反，
亞麻襯衫如果搭配緊身裙，將會增添女人味。
略帶溫暖的米色有很多種面貌，
花些心思搭配皮革、麂皮絨、大地色系，
將會呈現高級感。

亞麻襯衫：**UNIQLO**
裙子：little Suzie
太陽眼鏡：GU
手鐲：Deuxième Classe
包包：ZANCHETTI
高跟鞋：JIMMY CHOO

為了避免汗漬的問題，
春夏時節我盡量少穿灰色系的上衣；
不過如果是透氣又快乾的亞麻襯衫就不必擔心了。
搭配像運動褲這類休閒風的長褲時，
不需展現柔媚的風情，正適合這件襯衫。

亞麻襯衫：**UNIQLO**
長褲：**UNIQLO**
外套：ebure
包包：FURLA
高跟鞋：CHEMBUR

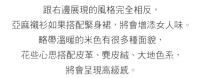

由於質地有一定厚度，即使穿著純白也不必擔心會透色，這也是丹寧褲的特色。由於褲檔較高，腹部也不會感到拘束。

我偏愛的
UNIQLO
經典單品

4

不用改短，可以直接穿的 **「不收邊丹寧褲」**

UNIQLO
BEST ITEM

我原本覺得白色的寬褲過於醒目，在日常生活中很少有機會登場，不過**如果是休閒風的丹寧褲，就可以比較自在地穿搭**。我首次嘗試 UNIQLO 的丹寧褲，就出乎意料地喜歡，當時看中的就是這款**「高腰七分褲系列」**。

原本 UNIQLO 預設以七分褲的樣貌問世，經過我試穿之後，發現長度剛好，完全不必修改。通常褲腳有稍作設計的款式，像是不收邊的牛仔褲，我都只能放棄，難得發現不必改就能穿的牛仔褲，喜出望外，立刻買下來。

正因為價格平易近人，所以能自在地嘗試純白色長褲，這點也很棒。

UNIQLO
BEST ITEM

4

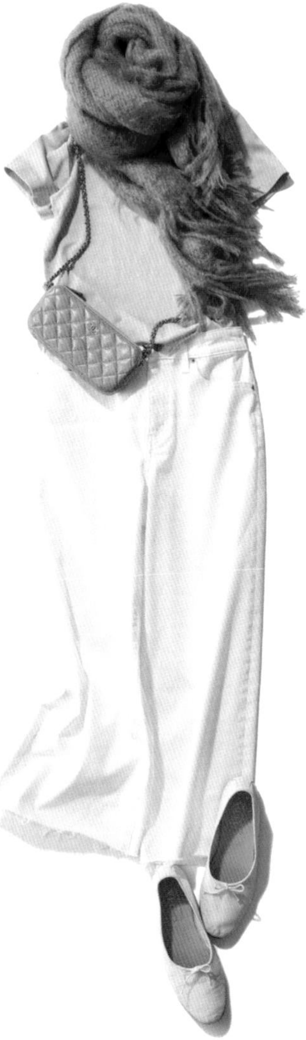

藍色丹寧褲與海軍藍條紋衫，是最基本的搭配。
只要把丹寧褲換成白色、條紋衫改成米色條紋
將會展現令人訝異的優雅品味。
搭配色彩華麗的鞋子，效果更好，
我自己偏愛黃色，而不是一般常見的紅色或銀色。

丹寧褲：**UNIQLO**
羊毛衫：**UNIQLO**
條紋衫：SAINT JAMES
籐籃包：Té chichi
女鞋：J & M DAVIDSON

這是我第一次嘗試 UNIQLO 的丹寧褲，
還是先跟穿習慣的 T 恤搭配最安心。
粉紅與白的配色顯得比平常更甜美，
以抽鬚圍巾、菱格紋包包等有質感的配件點綴，
就不會過於樸素。

丹寧褲：**UNIQLO**
T 恤：**Uniqlo U**
圍巾：baby mo
包包：CHANEL
女鞋：SPELTA

外套的扣子可以扣到頸根，相當方便！
而且不容易感到悶熱，疊穿時也很舒適。

我偏愛的
UNIQLO
經典單品

5

標價該不會少了一個「零」吧!?
「高質感休閒外套」

UNIQLO
BEST ITEM

老實說，我很不擅長穿風衣。

就算把外套扣子全部扣起來，胸前的V領區塊還是覺得冷；不知該如何處置的腰帶也會對我造成壓力。可是到了春天，還是會想穿米色的風衣……我的微小心願，幸好有**「BLOCKTECH單排扣外套」**而得以實現。

UNIQLO獨家的「BLOCKTECH」，也就是**防風防雨的機能素材。它獨特的觸感也有助於提升質感，**所以不論外觀或實際穿著的感覺，都相當不錯。

這款外套沒有腰帶，帽子可以取下來。厚料的連帽衣也可以疊穿在內，不會卡卡的，感覺很舒服。

UNIQLO
BEST ITEM

5

平常很少在穿的樂福鞋，
因為這件外套也有登場的機會。
這兩者都能增添時尚感，而且品味質感相襯。
為了不讓整體的風格過於中性，
搭配柔白色的衣物，能提升女性化氣息。

BLOCKTECH 外套：**UNIQLO**
針織衫（男裝）：**UNIQLO**
T 恤：Acne Studios
褲：martinique
毛皮包：BEAUTY & YOUTH
樂福鞋：MICHEL VIVIEN

上衣款式中有很多是連帽衣，
所以帽子可以拆下來的 2WAY 穿法，真的很方便。
且顏色、質料都能與舊衣相襯，
與丹寧褲、帆布鞋、紅色包包這類
「適合連帽外套」的衣物搭配準沒錯！

BLOCKTECH 外套：**UNIQLO**
針織衫：**UNIQLO**
連帽衣：Aliquam
包包：CLANE
丹寧褲：J & M DAVIDSON
帆布鞋：CONVERSE

大人穿著連帽衣時，最重要的是有型。從側面看時，帽子比較挺的厚布料最理想。抽繩與抽繩孔最好也盡量設計簡單。

6

雖然寬鬆卻不顯邋遢的「男裝連帽運動衫」

UNIQLO
BEST ITEM

寬鬆剪裁的連帽衣是這幾年流行趨勢，我立刻就去買了**男裝的「連帽運動衫」**。正如前面已經提過很多次，**男裝的袖子與衣擺都比女裝長，版型稍微窄一點。**女性穿著時會稍微寬鬆，卻不會顯得邋遢，所以我不時可以買到適合自己體型的 oversize 衣物。

通常灰色是運動衫的基本色，但是感覺很像居家服，如果過於寬鬆會更明顯。黑色則顯得過於沉重，所以這裡選擇有品味又好搭配的海軍藍作為示範！

UNIQLO
BEST ITEM

6

跳 TONE 的穿搭有很多，
帶有少女風的長裙與少年般的連帽衣，
像這樣利用甜美的衣物更能反襯出酷帥的感覺。
想要駕馭完全相反的風格時，
可以在配件方面發揮「可愛」與「帥氣」的特質。

連帽運動衫（男裝）：**UNIQLO**
T 恤：Hanes
長裙：charrtia
圍巾：Johnstons
提籃包：Té chichi
運動鞋：PATRICK

我們很容易會想到用牛仔褲搭配連帽衣，
但是這樣穿對於成年人過於休閒。
尤其現在流行混搭出「跳 TONE」的風格，
所以搭配了帶有整潔感的襯衫及長褲，
穿出年輕有活力的大人感。

連帽運動衫（男裝）：**UNIQLO**
襯衫（男裝）：**UNIQLO**
長褲：STUNNING LURE
腰包：patagonia
高跟鞋：JIMMY CHOO

我偏愛的
UNIQLO
經典單品

7

長度恰到好處的「長圓裙」

裙子採用跟襯衫一樣的鈕扣式，而不是拉鍊，有拉長身形的效果。
「鈕扣顏色跟布料一致」則是讓裙子顯得更有質感的細節。

UNIQLO
BEST ITEM

今年春天，UNIQLO推出的裙子出現大幅變化。那就是**裙擺變長，裙子變得更容易穿搭**。這款**「前鈕扣圓裙」**是最明顯的例子，我一直找不到適合自己的長裙，這次終於在UNIQLO買了第一條長裙。

感覺女性化的薰衣草粉紅，是初春時較常出現的顏色。長裙可以跟襯衫、T恤等衣物搭配，實際穿著的機會相當頻繁，所以**質料最好耐洗不易起皺，這也是選擇的關鍵之一**。在梅雨季節，長裙可能會被雨打濕或地上的泥水濺到，春夏季節還是選容易清洗的裙子比較適合。

設計簡潔的裙子讓人覺得有點單調，
如果搭配 T 恤之類的衣物，
稍微帶點休閒感剛剛好。
為了不讓人覺得完全沒在打扮，
別忘了搭配珍珠項鍊或藤籃包，
讓整體的感覺更活潑豐富。

長圓裙：**UNIQLO**
T 恤：Acne Studios
項鍊：CADEAUX
藤籃包：12closet
高跟鞋：JIMMY CHOO

我偏愛的
UNIQLO
經典單品

8

覺得好像少了什麼時，可以用來搭配的「薄料羊毛衫」

UNIQLO
BEST ITEM

鈕扣之間的間隔不會太遠，襯托出質感。
即使單穿，也不必擔心從側面的縫隙露出內衣。

羊毛衫是開襟衣物中必備的基本款。但是平常敞開扣子穿著時，顯得平凡無奇，如果不直接穿著，披在肩膀上，滑落時又令人心煩（笑），在打扮時有一定的難度。所以最好的運用方式，就是把扣子全部扣起來，像毛衣般的穿法，或是如同圍巾般，作為點綴色彩的配件。

UNIQLO的「**極細美麗諾羊毛**」針織衫正符合這兩種穿搭方式。不僅是**單穿就很高雅的高針數針織衫，由於質地輕盈，披在肩上也不會一下子就滑落，而且從基本色到特別色一應俱全**，不論作為主角或配角，都能派上用場。

UNIQLO
BEST ITEM

8

簡單的T恤、牛仔褲，搭配披在肩上的羊毛衫。
不管是什麼顏色都好搭；
可以將羊毛衫的衣袖自然交叉，從中央稍微往兩旁移，
看起來會更自然。
帶有成熟感的白T恤則是光滑而富有彈性。

羊毛衫：**UNIQLO**
T恤：JIL SANDER
牛仔褲：THE SHINEZON
手鐲：YAECA
毛皮包：BEAUTY & YOUTH
女鞋：NEBULONI E.

把羊毛衫的扣子全部扣起來單穿，
是我相當欣賞的造型師池田惠小姐教的穿法。
容易達成且穿起來的感覺跟V領羊毛衫不同，
洋溢著新鮮感與時尚感，
要是覺得羊毛衫的穿法了無新意，請務必一試！

羊毛衫：**UNIQLO**
長褲：DRESSTERIOR
耳環：JUICY ROCK
太陽眼鏡：OLIVER PEOPLES
手拿包：Clare V.
鞋子：SUICOKE x L'Appartement

另外也有灰色與深藍色的款式，但淺藍色是最佳選擇。
因為沒有折舊的痕跡，跟其他簡單清爽的衣物也可以搭配。

我偏愛的
UNIQLO
經典單品

9

就算原本不喜歡穿襯衫也會不自覺穿上癮的**「男裝丹寧襯衫」**

UNIQLO
BEST ITEM

儘管希望看起來衣著得體，但又不喜歡太拘謹的感覺，甚至被問：「妳今天有什麼重要的事嗎？」**藍襯衫不像白襯衫那麼力求完美，卻同樣帶來乾淨清爽的印象**，只要手邊有一件，就可以發揮很多變化。

我在UNIQLO男裝部發現的這款**「丹寧襯衫」**，袖子長而且很好捲。由於領子尖端附小鈕扣固定（Button-Down），顯得筆挺，很適合疊穿。如果覺得衣擺太長，收進裙子或褲子裡就沒問題；不過襯衫長度正好可以遮蓋臀部，披著當外衣，搭配內搭褲或窄版的長褲也相當方便。

UNIQLO
BEST ITEM

9

比起搭配米色或灰色襯衫，淺藍色更有新鮮感。
通常同色系配色簡單而雍容大方，
這次嘗試藍色系，效果也很好。
加上窄版的切斯特大衣與高跟鞋，
企圖塑造出洗練的氛圍。

襯衫（男裝）：**UNIQLO**
大衣：HELMUT LANG
牛仔褲：STUNNING LURE
絲巾：Hermès
包包：ZANCHETTI
高跟鞋：JIMMY CHOO

襯衫與百褶裙是最正統的組合，
我的風格比較隨性，不太適合這樣的穿搭。
不過如果選擇質料柔軟、
帶有男裝風格的淺藍色 Button-Down 襯衫，
就不會形成拘束的感覺，更容易搭配。

襯衫（男裝）：**UNIQLO**
針織衫（男裝）：**UNIQLO**
百褶裙：earth music & ecology
包包：JIL SANDER NAVY
女鞋：J & M DAVIDSON

我偏愛的
UNIQLO
經典單品

10

收工後立刻趕到店裡搶購的**「斜紋軟呢大衣」**

右邊的灰色大衣是 2017 年款，左邊的咖啡色大衣是 2018 年添購的。
咖啡色款有扣子，別起來更顯優雅。

UNIQLO
BEST ITEM

大衣的料子如果較薄，容易裹在身上，使得行動不便；厚料的話，厚重之外又不便搭配上衣。UNIQLO 的這款**「斜紋軟呢大衣」**，改變了一般人覺得長大衣難以運用的印象。**質地柔軟，有足夠的厚度卻又不會太厚**，我在工作拍攝時一眼看到，心想「這一定會很快就賣完！」急著想去搶購，是款設計得很巧妙的大衣。

由於這款大衣**沒有衣領，可以搭配圍巾，或是有領子的上衣**，相當適合各種穿搭。斜紋軟呢的混合色彩也顯現出質感。設計雖然簡單，卻很洗練，無可挑剔。

UNIQLO
BEST ITEM

10

與右邊的風格截然不同，
俐落的V領灰色大衣搭配女性化的衣著，展現成熟風格。
我從手邊的衣服中選出「帶有甜美氣息」的連身裙，
搭配出成套的感覺。
由於大衣本身夠長，就算裙子稍短也不必擔心。

斜紋軟呢大衣：**UNIQLO**
帽子：**UNIQLO**
毛海連身裙：steven alan
包包：CHANEL
短筒靴：CLANE

圓領且予人柔和印象的咖啡色大衣，
適合搭配丹寧布料與帆布鞋這類休閒配件，
讓自己看起來更可愛。
咖啡色大衣跟丹寧布料及海軍藍都很協調，
穿搭在一起極具魅力。

斜紋軟呢大衣：**UNIQLO**
長褲：**UNIQLO**
丹寧外套：GAP
T恤：Hanes
包包：FILL THE BILL
帆布鞋：MHL x CONVERSE

在天寒地凍的外拍時能夠派上用場！
UNIQLO 的羽絨外套也是經典必備

提起 UNIQLO 的冬裝，大家熟悉的是「特級極輕羽絨外套」，我自己也很喜歡男裝的「無縫線羽絨外套」。為了配合拍攝工作，我經常在外奔波，得不時穿脫外套，所以最好選能簡單套上、行動自如的外套。有時候我也必須直接坐在地上或樓梯台階，所以比起保暖但昂貴的外套，不需要小心翼翼維護、價格實惠的款式其實更合適。這款外套的大口袋方便收納各種雜物，包括智慧型手機、皮夾等，口袋內側的質料是抓毛絨。即使沒有準備手套或暖暖包也很保暖，適合需要在外工作的人。

CHAPTER

03;

UNIQLO
MIX
STYLE

「真的嗎？好便宜！」
價錢經常令大家吃驚的

超越價值、超高質感穿搭法則

成熟的UNIQLO穿搭，需要「費點心思」

「讓衣物顯得更有質感」其實並不難，只要為這件衣服搭配飾品，就能相得益彰。不過到了一定的年紀之後，如果配件本身缺乏價值感，也就失去陪襯的效果。有些配件讓朝氣蓬勃的年輕人搭配，能展現「恰到好處」的加分效果，但對於成熟女性來說效果不佳，反而拉高年齡。對於覺得自己「不擅長穿搭UNIQLO」的人，我想提醒的是，搭配UNIQLO衣物的難度不在於它是「平價時尚」，而在於「設計簡約」。成年人想將簡單的衣物穿得符合年紀的質感，或是毫無顧忌自由穿搭，的確相當不容易。

那麼，要如何將簡單的UNIQLO穿出成熟的風格呢？答案就是「稍微費點心思」。為現在穿的衣服再搭配一件衣物，用心配色，選擇帶有流行元素或女性化的配件，為髮型及化妝下更多工夫等，方法其實有很多種，但共通的原則是「不只是1＋1」。

我覺得自己在四十歲的當下，的確比二十歲時「更花功夫打扮」。譬如穿針織衫與長褲，二十幾歲的時候會搭配名牌包，現在我會作出比較有趣的選擇，像是編織包或毛毛包。以前常穿的黑色衣物，現在登場的機率大幅減少，隨著年齡增長，顏色漂亮或色彩柔和的衣物也增加了。這些轉變都是因為愛上搭配 UNIQLO 服飾後自然而然形成的穿搭風格。

過了一定年齡，想要「全身上下都是 UNIQLO」的難度相當高。正如前面提到的，不是因為價格，而是因為設計簡約。從三十幾歲邁向四十幾歲之際，漸漸發現昂貴的衣物有其細膩的美感。雖然仰賴高級衣物穿搭時可以落得輕鬆，但也可能顯得過於正經，而且看來稍嫌老氣，的確是個傷腦筋的年紀。這時候正需要一點創意與技巧。

為時尚雜誌工作期間，我從同年齡的專業人士、喜愛穿著 UNIQLO 的讀者們獲得許多啟發。我的 UNIQLO 穿搭技巧，可說是擷取自眾人。在這一章，我想向大家介紹自己所學到的各種要訣。

「UNIQLO三件疊穿會更好看」的法則

由於工作的關係，我曾經跟許多造型師共事過。這些專業人士讓人覺得「好棒」、「好想試試看」的穿搭有個共通點，那就是**稍微多花了點心思，尤其是在「上半身」**。

就以左頁的穿搭為例，如果把領口與衣擺白T恤的部分遮起來，差別一目瞭然！軍綠色外套搭配紫色針織衫、灰色牛仔褲——這樣的配色雖然不差，但是每種顏色都偏暗，給人的印象不夠洗練。但是只要露出幾公分白T恤，就讓人眼睛一亮，而且感覺很清爽。不僅在穿搭時造成視覺上的落差，臉部的輪廓也會變得更鮮明。

只要稍微花點心思，就能達到這樣的效果，改變給別人的觀感。即使沒有買新衣服，只要改變「穿著的方式」，打扮的印象也會有所不同。

這樣的巧思在穿搭基本款時，更是不可或缺的必殺技。**如果正覺得衣物有些單調、稍嫌不足，可以試著在平常穿的上衣與外套之間，再添加「一件」衣物**。光是從兩件改變為三件，整體的感覺就會煥然一新。

隨著選擇的衣物及搭配組合不同，
「三件疊穿」的視覺效果可以無限放大，
不只限於 UNIQLO 的衣服。
譬如像底圖的 T 恤，
由於考量到穿搭在針織衫底下的效果，
希望「適度」地露出些許白色，
所以我選擇了 Acne Studios 的 T 恤。

BLOCKTECH 外套（男裝）：**UNIQLO**
針織衫：**UNIQLO**
T 恤：Acne Studios
牛仔褲：upper hights
耳環：JUICY ROCK
包包：FURLA

如果想讓打扮看起來更輕鬆自在，就在完成穿搭後「再＋１！」

穿搭的原則不離「簡單」。如果已經選好想穿的上衣與外套，只要「再添加一件」就夠了。以左頁的穿搭為例，光是卡其色的外套與海軍藍的針織衫，本來已經足夠。不過底下再添加一件淺藍色襯衫，有修飾領口的作用，袖口也可以稍作變化，而且讓襯衫的衣擺露出，**海軍藍的針織衫與丹寧襯衫的簡單色彩組合，也能塑造出層次感**。當上半身搭配的衣物比較有份量，下半身看起來就會比較瘦，也會顯得比較有形。

像第 74 頁的長外套與男裝連帽衣，是由色彩樸素而厚重的單品搭配而成，這時後只要一件白 T 恤就能作為點綴。而第 75 頁以黑色為底色、簡單俐落的搭配，不妨加件丹寧外套疊穿，塑造出休閒的氛圍。

若是對於「再添加一件」猶豫不決，首先可以試著想想現在的穿搭缺乏什麼元素。**如果缺乏清潔感或輕盈的感覺，可以搭配白色衣物；需要整齊端正的印象，就加件襯衫；如果需要休閒感，就選丹寧衣物**。利用「新添加的一件」補足需要的特質，只要記住這個原則就很簡單。

ITEM
1

休閒風外套

+

ITEM
2

圓領針織衫

+

ITEM
3

丹寧襯衫

外套：**UNIQLO**
針織衫（男裝）：**UNIQLO**
襯衫（男裝）：**UNIQLO**
牛仔褲：CLANE
托特包：AMERICAN WAVE
球鞋：PATRICK

穿著連帽外套搭配針織衫，
感覺容易帶點孩子氣，
所以再加一件襯衫，強調端正的氣質。
建議選擇丹寧襯衫或質料柔軟的襯衫，
看起來比較不像白襯衫那麼拘謹。

ITEM 1

長大衣

+

ITEM 2

連帽運動衫

+

ITEM 3

白 T 恤

連帽運動衫（男裝）：**UNIQLO**

T 恤：**Uniqlo U**

大衣：THE SHINZONE

圍巾：MANTAS EZCARAY

牛仔褲：MOUSSY

托特包：YAECA

球鞋：PATRICK

照片中是寬鬆尺寸的連帽運動衫與大衣。
像這樣「大件 x 大件」的風格雖然正流行，
對於小個子的我而言，卻是難以駕馭的組合。
利用帶來視覺衝擊的白 T 恤形成亮點，
塑造出「的確撐得起來」的印象。

外套：**UNIQLO**
針織衫（男裝）：**UNIQLO**
長褲：**UNIQLO**
丹寧外套：GAP
圍巾：Johnstons
包包：ZANCHETTI
高跟鞋：JIMMY CHOO

ITEM 1

針織外套

+

ITEM 2

高領針織衫

+

ITEM 3

丹寧外套

以黑色衣物佔大多數的端正打扮，
也可以利用丹寧外套作為點綴，
帶來休閒而且容易親近的感覺。
疊穿兩件外套使上半身顯得更有份量，
腿部看起來會比較細，打扮更有型。

最能展現品味的配色，就是「同色系」或「對比色系」

在第一章提到選擇衣身長度時，曾說要避免「不上不下的尷尬長度」；在配色方面，我想最重要的是「簡潔」。我最常利用相近的同一色系，或是對比的兩種顏色搭配。

所謂搭配同一色系，譬如在穿搭米、灰、白這類基本色時，能夠互相襯托，發揮極佳的效果。**將同色系的衣物穿搭在一起，搭配容易是一大魅力，但是完全有時也會顯得過於安全，甚至單調、不起眼，所以重點要放在顏色與質感的細節。**如焦糖色×咖啡色、藍色×灰色、白色×米色，這樣的顏色差異正好維持在「同色系又有點不一樣」的範圍內。只要顏色與質感做出層次，駕馭「同色系」就沒什麼問題。

而「對比色的搭配」則是專業造型師教我的技巧。**在運用漂亮的色彩時，如果以平凡的顏色搭配，反而會達到反效果，一定要搭配另一種同樣能帶來視覺衝擊的色彩，兩者將會意外地協調。**如沉穩的焦糖色與鮮明的紫色、清爽的藍色與溫暖的咖啡色、深沉的黑色與明亮的白色……姑且不管明度或彩度這類複雜的知識，就憑色彩給人的印象選衣服吧。

CAMEL

CAMEL
PURPLE

CAMEL
BROWN

對比兩色 ⟵ or ⟶ 同一色系

即使是對比色，只要能襯托出質感，
就會顯得色彩飽滿豐饒。
在想搭配肩背包、海灘涼鞋，享受休閒風格的日子，
不妨運用這兩種顏色。
如果衣物的質料稍微帶有光澤，也能讓整體顯得更華麗。

針織衫：**UNIQLO**
後背包：**UNIQLO**
T恤：Hanes
長裙：JOURNAL STANDARD L' ESSAGE
海灘涼鞋：GAP

在富有質感的基本色當中，
焦糖色是最飽滿的色彩，
如果與同色系搭配，一定會顯得很有質感。
即使搭配針織裙與毛皮包等有趣的單品，
整體還是不失女性化氣息。

針織衫：**UNIQLO**
T恤：Hanes
長裙：WRAPINKNOT
毛皮包：BEAUTY & YOUTH
球鞋：PATRICK

SMOKY BLUE

SMOKY BLUE
BRICK COLOR

SMOKY BLUE
GRAY

對比兩色 ⟵ or ⟶ 同一色系

溫暖的磚紅色，使藍色看起來更明亮；
涼爽的煙燻藍，也能讓磚紅色顯瘦。
能夠襯托出彼此的魅力，是最好的配色。
正因為是對比的顏色，
可以讓人自然地感到放鬆。

襯衫（男裝）：**UNIQLO**
長褲：DRESSTERIOR
包包：YAECA
涼鞋：MANOLO BLAHNIK

澄澈的藍與稍微褪色的灰，
雖然都是男性化的色彩，搭配起來卻顯得高雅，
這就是「接近同一色系」配色的微妙之處。
在包包與鞋子的部分採用女性化的單品搭配，
可以讓感覺冷硬的顏色變得優雅。

襯衫（男裝）：**UNIQLO**
牛仔褲：upper hights
ストール：Faliero Sarti
圍巾：FURLA
高跟鞋：3.1 Phillip Lim

WHITE

BLACK / WHITE

對比兩色 ⟵ or ⟶ 同一色系

CREAM / WHITE

在色彩繽紛的今日，黑白反而顯得新鮮！
搭配在外套裡的 T 恤適合領口高、
質料富有光澤，俐落的設計。
選擇麂皮的平底涼鞋，
可以讓休閒的款式增添高級感。

長褲：**UNIQLO**
外套：ebure
T 恤：ESTNATION
太陽眼鏡：OLIVER PEOPLES
包包：J & M DAVIDSON
平底涼鞋：NEBULONI E.

上衣是鬆餅格紋圓領衫，長褲是化學纖維，
肩包是皮革製，雖然同樣都是白色系，
但是藉由材質差異顯現出搭配的變化。
如果連圍巾都是白色可能會過於單調，
就以淡褐色作為柔和的點綴。

長褲：**UNIQLO**
圓領衫：THE NORTH FACE
圍巾：ASAUCE MELER
包包：JIL SANDER NAVY
女鞋：SPELTA

稍微帶點「酷帥」的元素，能讓穿搭更有形

有時收工後跟朋友見面，聽到對方問我「妳今天休假嗎？」我就會反省自己的打扮。儘管我的衣著屬於休閒風，一週有一半的時間穿著牛仔褲，但是穿著太過隨興對於成熟女性仍有些不妥。雖然打扮漂亮的確重要，但是到了現在的年紀，我深深體會到**成熟女性不可或缺的特質是優雅與女人味**。

既要與休閒風搭配，又要能襯托出女性自信的氣質，關鍵就在於搭配有點酷的單品。譬如選擇卡其、軍綠色這類男性化的色彩，自然而然就會突顯出髮型與化妝的柔和與可愛；或是穿著尖頭鞋，可以讓腿部線條拉長。而配戴一件銀色飾品，即使穿著休閒服，也能提升知性感，散發內斂的氣質。

並不是穿著筆挺的襯衫、色彩鮮豔的裙子，而是藉由酷帥的衣物，微微地襯托出女性自信亮麗的氣質。這種自然而然、別具深度的穿搭方式，也是讓成熟女性穿著UNIQLO時更好看的技巧。

充分運用與各種服裝都能搭配的 茶褐色系

即使敞開領口的扣子，
也不會讓人覺得衣衫不整，
這就是中性茶色系的力量。
這也是我相當喜愛的保暖上衣之一。

上衣（男裝）：**UNIQLO**
裙子：Deuxième Classe
帽子：KIJIMA TAKAYUKI
手鐲：YAECA
包包：J & M DAVIDSON

（右起）長背帶小包：Hervé Chapelier
上衣：Pilgrim Surf + Supply　長褲：ARMY UPPER HIGHTS　外套：Cape HEIGHTS

說起感覺酷帥的顏色，首先我會想到的是「卡其色系」。軍裝外套或工作褲、迷彩圖案的服飾經常會運用這類顏色，因此或許會讓人覺得過於陽剛、帥氣，這時可以選擇偏咖啡色的單品，會比較容易搭配。卡其色系的衣物只要跟黑色搭配，就會變得亮眼，是既可以當主角，也可以當配角的萬用色彩。

鞋子與包包融入 稜角 的元素

牛仔褲與鞋子都是柔和的淺色，
可以搭配個性化的尖頭鞋。
長形的豹紋手拿包，
也提升了率性氣息。

針織衫：**UNIQLO**
T恤：Hanes
牛仔褲：STUNNING LURE
太陽眼鏡：GU
手拿包：Clare V.
女鞋：Christian Louboutin

接下來該意識到的重點是形狀。如形狀銳利、有稜有角的東西。「稜角」融合在配件中出現的機率，會比衣服來的高。如鞋子可選尖頭鞋取代圓頭鞋，包包則選長方形取代圓形。即使是像芭蕾鞋或斜揹包這類可愛的單品，**只要多一點稜角就會顯得成熟，給人洗練的印象。**

（從上起）高跟鞋：Christian Louboutin　豹紋手拿包：Clare V.
黑色手拿包：JANTIQUES　黑色平底鞋：ADAM ET ROPÉ
黃色平底鞋：J & M DAVIDSON

為穿搭畫龍點睛的 銀色飾品

即使搭配隨興的運動衫，
因為配戴了簡約設計的銀色耳環，
讓人看起來不隨便。
耳環設計偏大也無妨，
精選搭配就能襯托風格。

運動衫：**UNIQLO**
T恤：**Uniqlo U**
銀耳環：chigo

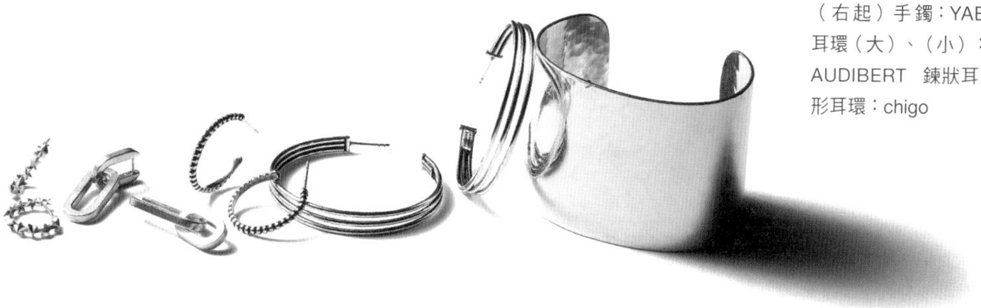

（右起）手鐲：YAECA　圈形耳環（大）、（小）：PHILIPPE AUDIBERT　鍊狀耳環、星星圈形耳環：chigo

就材質來說，銀飾比金飾更容易搭配。同樣是飾品，金飾能增添華麗感，**銀飾則是襯托美感而且顯得知性**。由於銀飾本身具有的冷冽感，具有收斂的效果，銀色手鍊能讓手臂顯得更細，耳環能讓臉部的輪廓看起來更清爽。不過，如果銀飾過亮太搶眼反而會顯得廉價，這點要多加注意。**成熟女性最好選擇霧面的銀飾。**

穿UNIQLO不需要搭配昂貴的名牌包

我曾看過某本雜誌刊登的女裝穿搭示範，標榜「這樣的搭配，其實全身上下不到三千元！」但是模特兒手上拿著相當昂貴的包包，價格大概可以買一輛車。我心想：「嗯，看起來的確很高級呢！」因為配搭的包包是超高級品，確實會讓整體質感大提升。

現在的年輕世代女性，自出生以來市面上已經有UNIQLO、GU等平價時尚品牌，每個女孩都能透過價格平易近人的服飾打扮自己，沒人擁有跟車子一樣昂貴的包包，可是大家都打扮得很漂亮。

在一開始我就提到，對於成熟女性而言，「高質感」是必要的，而現在的UNIQLO講求質感，價格合宜但不「廉價」。當單品能展現質感時，就不需要搭配昂貴得令人咋舌的配件了。不過因為**UNIQLO大部分都是基本款，偶爾也會顯得不夠時髦或缺乏女性優雅、柔美的氣息，這時可以利用包包或鞋子來加強。**

比起投資價值數萬元的名牌包，我建議在對時尚敏銳的選品店購買2至3個包包，穿搭效果會更多元。戰利品到手時的喜悅，也會讓自己心情愉快、更享受打扮的樂趣，期待外出的日子。依賴高級品是一種方式，也可以試試多花點心思變化組合，讓自己更賞心悅目的方式。

工作時，我經常攜帶許多資料在外行走，
所以我會準備托特包與小型包，
同時搭配兩個包包是我的風格。
作為主角的小型包，
特別注重時尚感。
即使服裝的圖樣不容易搭配，
或是顏色相當鮮豔，
還是能運用自如。

針織衫：**UNIQLO**
長褲：marinique
抽繩包：BEAUTY & YOUTH
太陽眼鏡：OLIVER PEOPLES
高跟鞋：JIMMY CHOO

重點不是包包的品牌，而是它能否讓穿搭顯得更出色

工作日選擇實用的大型托特包，休假日攜帶流行的小包包，我通常會這樣區分工作與休閒時使用的包包。不過目前正式與休閒服的界限變得模糊，而且如果為了配合包包，使穿著的衣物受限，反而變得本末倒置。如果在休假時使用同一個包包，讓朋友覺得「你好像一直在工作」，也有點可憐。

儘管流行的包包有逐漸縮小的趨勢，但還是佔有一定面積。光是這樣就會影響給別人的印象，所以對我而言，**包包雖然是配件，但其實更像衣服**。為了讓簡單的衣服顯得更出色，有時候也可以藉由包包漂亮的顏色與設計，讓有特色的配件成為一種點綴。

配件只要能使用幾個季節就好，比起高級但設計簡單的製品，不如選擇價格實惠的流行單品。其實不分品牌，**只要符合當季的流行，選品店自製的包包也很適合。**

特殊圖案或是獨特質材的包包當然也很好，不過考量到搭配的適用程度，還是以基本色最好用。如果包包的顏色樸素體積又大，會降低打扮的興致，自然還是小一點比較好。

（右起）白色皮革包：JIL SANDER NAVY　咖啡色皮革包：ZANCHETTI　藍色字樣托特包：AMERICAN WAVE　紅色字樣托特包：MELROSE AND MORGAN　格紋抽繩包、毛皮抽繩包：BEAUTY & YOUTH　提籃包（大）：12closet　長背帶小包：Hervé Chapelier　提籃包（小）：Té chichi

包包的選擇可以隨興，但鞋子可得精心挑選

包包與鞋子通常都列為「配件」，但是對我而言，它們的功能完全不同。**選包包可以憑喜好，鞋子要盡量能「襯托女性特質」。比起時尚潮流，能夠讓自己顯得更好看才是最重要的。**

因為挑選鞋子的標準是「讓自己顯得更好看」，所以鞋款有一定的類型。雖然不可能要求耐穿一輩子，但是至少也要能維持數年，考量到將來還會繼續穿下去，鞋子是相當值得投資的單品。假設每三天穿一次，一年就會穿一百二十天，五年就有六百天。即使買了價格六萬日圓的鞋子，假設能穿五年，一天只等於一百日圓（笑）。

我的身高比較矮，所以能讓我顯得高挑的鞋子是第一選擇。通常都是鞋跟又高又細，**如果是尖頭鞋，就算有點扁也沒關係**。鞋子的質料不拘，不過我最喜歡有質感的麂皮。

在顏色方面，我的女鞋好像以暗色居多，但是黑色會使腳變得沉重，無法達到顯得「高挑」的目的，所以我的黑鞋多半鞋跟較高。**像灰色或沙色等沉靜而又明亮的顏色，是最容易運用的。**

（右起）深灰色涼鞋：3.1 Phillip Lim　綠色涼鞋：NEBULONI E.
灰色、黑色女鞋：JIMMY CHOO

對我而言，這雙灰色高跟鞋，
是穿搭效果最好的一雙鞋。
我從來不會為了追逐流行而購買名牌鞋，
但這雙品牌經典款的楦頭非常合我的腳型，
又是我鍾愛的麂皮，
所以我也購入了。

高跟鞋：JIMMY CHOO
抽繩包：BEAUTY & YOUTH

成熟的球鞋穿法，就是不露出腳踝

我很不適合穿球鞋。牛仔褲＋襪子＋球鞋的搭配顯得好看，只限於穿牛仔褲時，可從襪子上方露出腳踝的人。像我這麼短的腿還想露出腳踝，那麼褲管究竟該多短呢？……所以球鞋流行時，總令我感到哀怨（笑）。

現在球鞋已成為每個人必備的基本款。而我奉行的唯一穿搭準則就是——搭配可以遮住腳踝的長裙或寬褲，不露出肌膚。

在顏色方面，我會選擇較為柔和自然的白色球鞋。一般女鞋不太適合選白色，但如果是球鞋，就能自然而然地穿上，這也是一項優點。另外還有一種顏色我最近很喜歡，就是像沙色或卡其色這類大地色。正好跟流行的咖啡色系也很搭，看起來相當「時髦」。

22.5cm 是小腳，尺寸剛好的鞋子搭配寬鬆的長褲、長裙，顯得比例懸殊，所以我會選擇稍微大 1~1.5cm 的尺寸。另外，為了不讓下半身顯得比例特別重，像我這樣的小個子適合繫上圍巾、選擇附帽子的衣服，增加上半身的比重，這就是穿搭的秘訣。

（上至下）高統 ALL STAR：MHL x CONVERSE
低筒 ALL STAR：CONVERSE　皮革球鞋：PATRICK

搭配牛仔寬褲

淺藍色的牛仔褲是基本款，跟各種衣物都能搭，
所以不妨嘗試搭配流行色彩的球鞋，
像最近的話是咖啡色與米褐色。
包括包包與圍巾在內，
只要限定全身衣物的顏色種類，
即使穿著彩色球鞋也不會顯得幼稚。

針織衫：**UNIQLO**
牛仔褲：BLACK BY MOUSSY
圍巾：Joshua Ellis
抽繩包：BEAUTY & YOUTH
帆布鞋：MHL x CONVERSE

搭配超長裙

如果身穿毛料的長裙，
就不選帆布鞋，而是搭配皮革面的球鞋，
這樣看起來就不會太暖，達到協調的效果。
球鞋最好沒有彩色縫線等裝飾，
「純白」的時尚感較高。

針織衫：**UNIQLO**
背心：DRESSTERIOR
長裙：WRAPINKNOT
提籃包：Té chichi
球鞋：PATRICK

正因為UNIQLO風格簡單，所以髮型與化妝特別重要!!

在參與時尚雜誌的攝影工作時，我深深地體會到一件事，那就是髮型與化妝會徹底影響造型的效果。而且大家可能會以為重點聚焦在化妝上，其實真正重要的是「髮型」。

我發現自己常常被誇讚「今天看起來特別可愛」的日子，通常也是有認真做髮型的日子。我的髮質粗硬，自己又不擅長整理，所以大多數的日子只是綁成一束馬尾。這樣的髮型再搭配簡單的衣服，看起來只會顯老。

髮型跟穿搭一樣，都必須花點心思。尤其在主張「順其自然就是美」的今日，成熟女性太講求完美反而有點過時，所以我的主張是「適度的巧思」，**譬如睡前先把頭髮編好，第二天早上就會有波浪的弧度，像這種程度的打扮最理想。**

在妝容的部分，因為每個人的氣質不同，無法一概而論，不過**既然要跟有質感的衣物搭配，最好皮膚看起來要有彈性、擁有自然的彈潤與光澤。**如果睫毛上沾著結塊的睫毛膏，看起來就像起毛球的針織衫一樣邋遢，所以首先必須留意這些小細節。就整體打扮來說，這些枝微末節可是跟選衣服同樣重要呢。

穿著冷色系上衣時，臉部的肌膚可能會略顯暗沉，
這時就要仰賴顏色比較明亮的唇膏。
除此之外，梳到後腦的頭髮最好盡量保持蓬度，
藉由「少即是多」的原則，
達到整體的平衡感。

T恤：**UNIQLO**

簡單妝容的重點是 眉毛 與 睫毛

（上）倩碧（CLINIQUE）的下睫毛專用睫毛膏，刷頭極小，容易使用。（下）HR赫蓮娜的睫毛膏，我受到管狀的獨特包裝吸引，專門用來刷上睫毛。

利用眉筆與眉彩膏完成「棕色平眉」

最基本的妝容，只需撲上不遮蓋雀斑的薄粉底、畫好眉毛和睫毛便已完成。正因為不依賴眼影與腮紅，所以更要仔細地畫眉毛。以前我會用眉筆加強太過工整或是太細的部分，然後再用同樣顏色的眉彩膏描繪整體。色彩基本上以褐色為主，不過配合當時的髮色，也會有微妙的變化。

因為我經常戴帽子，所以會特別在意下睫毛

其實我的白髮很多，但是也不能頻繁地染頭髮，所以常常戴帽子。但是戴上帽子後，在帽緣的遮蔽下，眼睛給人的印象會變得很薄弱，所以我上下睫毛都會刷上睫毛膏，讓睫毛更明顯、加深眼部效果。比起濃密的效果，能夠加強睫毛長度的纖長型睫毛膏才是我的首選。

T恤：**UNIQLO**
帽子：qcillo & c

唇彩只要輕輕點上淡雅的顏色即可

受到原本唇色的影響，唇膏本身的顏色與塗在嘴唇上的效果，往往不太一樣。所以我很少使用特色很明顯的唇膏。尤其成熟女性的紅唇看起來有點嚇人，所以我只有在穿單一色系的白色與米褐色衣物時，才會想使用唇彩。基本上是鮭魚粉紅或珊瑚紅這類會使肌膚看起來更健康的橙色系。我經常使用的是3CE的「心型保濕潤色唇膏」。

時尚感不可或缺的是對 髮型 下工夫

簡單的服裝就藉由髮型，增添華麗感與韻味

我的衣服基本上都很簡單，而且我也不太會配戴很大或太搶眼的飾品，對我而言，髮型是增添華麗感的一種方法。同樣是把頭髮綁起來，讓馬尾蓬鬆地垂墜，可以讓側面與背影增添美感，也會更迷人。如果是抱持著「好麻煩，隨手綁一下就好」這樣的想法草率綁出來的馬尾，在穿搭上可以馬上感受出優劣，所以請務必花些心思在頭髮造型。

在綁頭髮前，請先這樣整理頭髮。

用電捲棒將髮尾往內捲，一直捲到與嘴唇同高的位置，大約維持大波浪的捲度。

將護髮油沾在手上，用手指掐一撮撮髮絲，針對捲曲的髮稍抹油，不要把油抹在耳上的頭髮。

用手指梳頭，將耳朵後方與後頸的頭髮向上梳，綁成蓬鬆的髮束。

用橡皮圈固定後，從耳後稍微撥出些許髮絲。

將撥出的髮絲再捲一次，用髮蠟固定、再鬆開，藉著重覆這個過程調整髮束。

壓住髮圈的位置，同時漸漸地將後腦表層的頭髮稍微抽鬆。

完成！

從側面與背面確認馬尾的蓬鬆度，就完成了。在有戴帽子的日子，綁髮圈的位置要稍微低一點。

好用的 CREATE ION 電捲棒

我曾經嘗試過各種各樣的電捲棒，其中效果最好的是這款「HOLISTIC CURE CURL IRON」。對於髮質又粗又硬的我來說，稍微粗一點的32mm電捲棒最合適。

我喜歡的各式造型髮品

重點在不刻意選擇為頭髮專用的髮品，而是也可以塗在皮膚上的保養品。比起香水，我更喜歡護膚油稍微帶甜的好聞氣味，那就像我個人專屬的香氣，也成為我的象徵。右邊是the product的髮蠟，左邊是L`Officine Universelle Buly的護膚美髮油「BUILE ANTIQUE」（這瓶的氣味是「墨西哥人的晚香玉」）。

實踐成熟大人風的高質感穿搭原則！運用UNIQLO的平價T恤展現時髦風采

這件單品雖然沒有列入前面介紹的「經典款」，但卻是**UNIQLO一年四季「最實穿」的品項——那就是「Uniqlo U」的圓領T恤。**

這款T恤早已是UNIQLO的基本款之一，我大約在兩年前注意到它。當時這款T恤還不像現在這麼普遍，不過隨著每季推出新顏色、不時更換質料，很快地就成為暢銷品。我自己在新品上市時也會重覆購買，包括同樣顏色、不同顏色、不同尺寸……一次多帶幾件，現在它已成為我衣櫥裡不可或缺的單品。

雖然**價格只有一千日圓，但是本身的質感看起來超越價格，而且最大的魅力是色彩豐富。**顏色漂亮是「Uniqlo U」引以為傲的一項特色，這款圓領T恤有各種時下正流行的顏色，很適合穿搭，所以如果**想嘗試當季流行的色彩**，卻「擔心不適合自己」、「顏色太過鮮豔，不敢貿然嘗試」，**不妨從這款T恤開始**。

基本色當然是必備的款式，在比較明亮的色彩中，我推薦黃色或橙色這類「維他命色系」。這些顏色跟我們常穿的牛仔褲與大家喜愛的綠色系褲子、裙子都能搭配，也能將容易略顯暗沉的熟女膚色襯托得更明亮。這麼好的顏色，當然要妥善運用！

在圓領 T 恤剛推出時，曾出過像
洗到褪色的洗舊復古款，
到了 2018 年推出新款式，觸感
柔滑富有光澤，各有魅力。
2019 年春，又新增茶褐色 T 恤，
變得更容易穿搭。

SCENE

1

與初次見面的工作夥伴，在編輯部開會。

與新同事一起共事或是
投入雜誌專題製作時，
我會以常穿的黑Ｔ恤與牛仔褲展現「個人風格」。
成熟女性穿著單一色系容易顯得樸素，
所以利用格紋包包作為點綴。

T恤：**Uniqlo U**
牛仔褲：upper hights
帽子：KIJIMA TAKAYUKI
包包：BEAUTY & YOUTH
粗跟鞋：CHEMBUR

SCENE

2

在交往七年的紀念日，去餐廳赴約。

只要一件「純白色」Ｔ恤，就會顯得容光煥發。
夏季時搭配顏色鮮豔的裙子，
肩上披著茶褐色系的羊毛衫，
花心思打扮得比平常更有女人味。
包包設計很細緻，所以不另外配戴飾品。

T恤：**Uniqlo U**
羊毛衫：**UNIQLO**
長裙：JOURNAL STANDARD L’ESSAGE
包包：FURLA
女鞋：NEBULONI E.

SCENE

3

開車去小田原兜風，一探著名的鰻魚料理店。

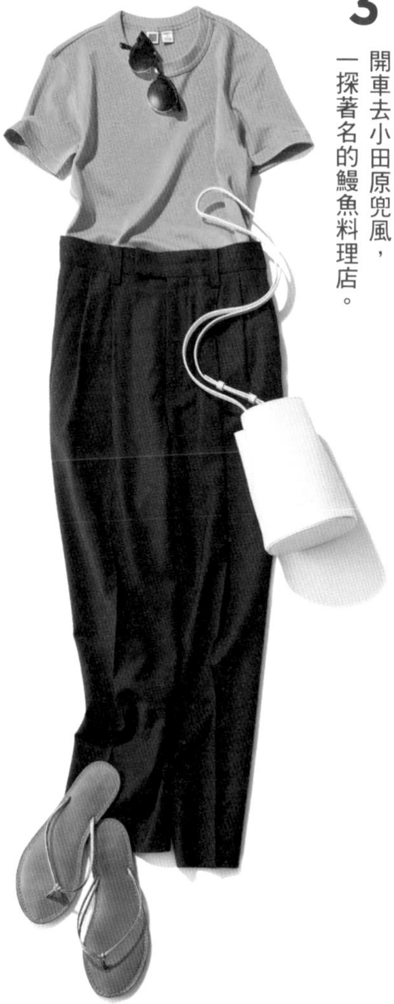

輕鬆的約會可以搭配 T 恤與夾腳涼鞋，
儘管如此我還是不想穿得太隨便，
所以只有褲子稍微正式一點。
我通過全自動感應時很容易被忽略，
這種亮麗的橘色不啻是我的救星（笑）。

T 恤：**Uniqlo U**
長褲：STUNNING LURE
太陽眼鏡：GU
包包：JIL SANDER NAVY
海灘涼鞋：OLD NAVY

SCENE

4

跟合得來的工作伙伴，在晚上喝可樂閒聊。

跟右邊一樣是 T 恤與夾腳涼鞋的搭配，
只是改搭顏色比較時髦的裙子，印象就完全改觀！
我喜歡洗舊感的色澤，
兩年前買了三件這款海軍藍 T 恤，
我有預感，今年仍會經常派上用場。

T恤：**Uniqlo U**
長裙：little Suzie
耳環：DOMINIQUE DENAIVE
包包：ZANCHETTI
海灘涼鞋：GAP

SCENE
5
今天的工作一直持續到晚上。
從六點集合後開始攝影。

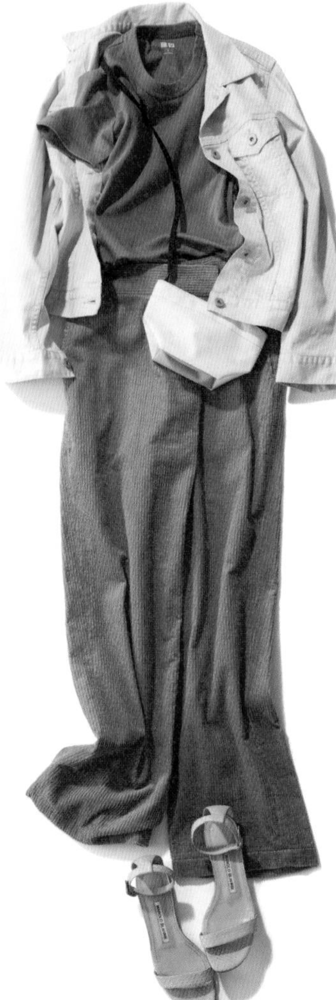

想讓穿搭效果多層次，就要活用「同一色系」。
新出的焦糖色T恤搭配磚紅色，
是我現在最喜歡的配色。
在攝影當天要攜帶的道具很多，
為了空出雙手，長背帶小包不可或缺！

T恤：**Uniqlo U**
丹寧外套：**UNIQLO**
長褲：JOURNAL STANDARD L'ESSAGE
包包：Hervé Chapelier
涼鞋：MANOLO BLAHNIK

SCENE
6
兒時玩伴終於結婚了！
去參加只邀請熟人的婚宴。

不選擇較為正式的上衣，而是T恤。
而且這件T恤不深不淺，我堅持一定要是卡其色。
只要融入一種比較酷的顏色，
整體穿搭效果就會比較內斂，
反而更能襯托出女性化的氣息。

T恤：**Uniqlo U**
裙子：DRESSTERIOR
項鍊：CADEAUX
包包：JANTIQUES
高跟鞋：JIMMY CHOO

SCENE

7

為母親提前慶生，一起在銀座吃午餐。

比海軍藍稍微亮一點的深藍色 T 恤，
是本季新添購的顏色。去年我曾經以
SCENE4 的海軍藍 T 恤搭配紅褐色的裙子，
覺得頗有新鮮感，穿搭起來也很輕鬆。
因為想到是去銀座，所以穿上高跟鞋。

T 恤：**Uniqlo U**
長裙：STUNNING LURE
手鐲：Deuxième Classe
提籃包：12closet
高跟鞋：LUCENTI

SCENE

8

前往客戶的辦公室討論新企劃。

猶如吃關東煮沾的「黃芥末醬」般的深黃色，
到了天氣變冷時，就想把這種顏色穿在身上。
這種顏色不像白 T 恤過於清爽，稍微帶有一點華麗感，
正適合初秋穿在外套裡面。
為了不要顯得過於休閒，運用配件妥善點綴。

T 恤：**Uniqlo U**
外套：BRACTMENT
牛仔褲：atespexs
眼鏡：GU
包包：J & M DAVIDSON
高跟鞋：JIMMY CHOO

白色 T 恤的疊穿技巧，
關鍵是領口弧度與衣襬長度！

第 42 頁的照片也露出白 T 恤。跟比較合身的針織衫搭配，這一天搭配的白 T 恤是 SLOANE。

JIL SANDER

柔軟光滑的質地，令人穿起來特別愉悅。比起運用在內搭，更適合作為主角。

Uniqlo U

特徵是潔白的顏色與較窄的領口。搭配領口較高的針織衫，還是可以露出白T恤。

Acne Studios

衣身稍微比較窄，衣擺稍微有點長，是最適合疊穿的一件白T恤。領口的弧度令人欣賞。

Hanes (BEEFY)

厚料的綿T恤。疊穿後就算露出衣擺，也不會顯得扁塌凌亂，是一項優點。

白 T 恤不僅可以單穿，想要稍微露出領口與衣擺時，也能配合穿搭。隨著領口弧度不同、衣擺長度、質料厚度、風格上的差異等，在穿著時可以區分各種類型。從洗滌後彷彿變得更堅韌的 Hanes「BEEFY」T 恤，到價值數萬日圓、具有「只有自己才懂的高質感」、能讓心情特別愉悅的名牌 T 恤，尋找適合自己的白 T 恤彷彿就像在尋寶一樣，我覺得其中的樂趣跟選內衣有點類似。

CHAPTER

04;

UNIQLO
MIX
STYLE

讓 UNIQLO只佔五成 的
成熟女性搭配技巧

雖然喜歡 UNIQLO，卻很少全身都穿 UNIQLO 的原因

隨著年齡日漸成熟，跟以前相比，與人接觸的機會減少了，與其擁有很多套穿搭組合，不如掌握原則並享受穿搭的樂趣，我喜歡 UNIQLO 的理由之一是「簡單設計、容易搭配」，不過比較負面的說法就是「缺乏特色、沒有個性」。如果希望享受愉快的穿搭經驗、或是獲得更多搭配上的成就感，必須藉助其他衣物的力量。

以我自己的情形來舉例，適合搭配 UNIQLO 的衣物包括我從以前就很喜歡的「牛仔褲」，以及穿上以後心情會變好的「粉紅色系」。因為真的很喜歡，也很容易就掏錢買下，不過現在有工作在身，儘管不會過於在意他人的眼光，還是要注意穿著的實用度與頻率。所以，為了調整「過於休閒」或「過於柔美」，需要加入 UNIQLO 的基本服飾，取得兼具「心情愉悅」與「沉穩自在」的元素，如此才算真正實現成熟大人的穿搭風格。

所以我信奉的原則是UNIQLO「只佔五成」，而剩下的五成衣物，不偏向任何特定品牌。選購的來源可以是自己信任的服飾店、匯集了當下流行品牌的購物商場、平常很少有機會接觸到的二手服飾店，或是一流的獨立店面。到了一定的年齡以後，已經有豐富的購物經驗與足夠的預算，比年輕時擁有更多選擇，如果總是在狹隘的範圍內購買類似的衣物，實在太可惜了！想要找到真正喜愛的、穿上以後心情自然變好的衣物，必須富有挑戰精神勇於開創，並且要當成一種投資。

還記得小時候，重覆寫著同樣的練習題，有時卻百思不得其解，然而就在閱讀完全不相關的書籍或是待在另一個房間思索時，忽然豁然開朗！冒險家的穿搭精神大概就是這樣的感覺。先不管想到的是不是正確答案，最重要的是察覺到「說不定可以這樣搭配！」這種興奮期待的心情，正可能帶領你享受穿搭的樂趣。我的意思並不是要你在陌生的商店購買連穿都沒穿過的衣服，而是可以放開限制，順應潮流，試著挑戰「不像自己風格」的衣服。或許有時會讓人覺得在繞遠路，不過其實是打扮的捷徑。

穿搭公式是「UNIQLO上衣×手邊最好的牛仔褲」

我曾經無數次以UNIQLO的針織衫搭配自己喜歡的牛仔褲，左圖的穿搭對我而言就像制服一樣熟悉。春天、初夏、晚夏、秋天、冬天，只要氣溫適合穿針織衫，我幾乎一整年都是這樣搭配。

我在UNIQLO買的上衣佔了八成，褲子與裙子佔二成。後者只佔二成，主要是因為UNIQLO很少推出裙子，在有限的褲裝款式當中，不僅受到身高的影響，我真正喜歡的版型與設計也很少見。

因此在褲裝中，**既然我對牛仔褲的喜好很明確，就仰賴其他品牌**。我挑選的重點是不必把褲管改短就能直接穿的，此外**想要適當地襯托UNIQLO的上衣，牛仔褲最好要稍微有點特色。而且不能太過休閒**。

想要駕馭這樣的穿搭風格並沒有什麼規則，唯一要注意的就是別太誇張。即使希望有特色，也不能選擇太過標新立異的牛仔褲，而且這樣也會讓原本簡單的上衣顯得更單調。我的作法是**運用帽子或絲巾等配件，藉由配件的圖案與明亮的色彩，讓整體穿著更有魅力**。

我習慣以帶來朝氣的牛仔褲，
搭配令人感到自在的 UNIQLO 針織衫。
像這樣基本的穿搭，
可以說是喜歡與否的基準，
想要嘗試新流行時，一定能派上用場。

針織衫：**UNIQLO**
牛仔褲：BLACK BY MOUSSY
圍巾：Faliero Sarti
提籃包：Té chichi
涼鞋：MANOLO BLAHNIK

我最重要的休閒衣著——喜愛的牛仔褲品牌

常有人問「這是哪個牌子？」，
答案是再製牛仔褲。
褲管很粗看起來頗有個性，
因為沒有破損，穿起來意外地
清爽好看。

灰色比起藍色更有新鮮感，
穿搭的效果也更成熟，
這是我最常穿的牛仔褲。
我喜歡這種彷彿從
黑色褪色的微妙色彩。

既不能太過工整也不能過於隨便，成熟女性對於牛仔褲的舒適度不容易拿捏。雖然牛仔褲的色澤與設計相當多樣化，但是牛仔褲的版型就跟鞋子的楦頭一樣，隨著品牌不同將會決定基本的形式。只要找到適合自己的款式，以後再回購新產品就好，所以先試穿各品牌最具代表性的型號，也是一種辦法。

如果旗下一般褲裝的評價很好，那麼這個品牌的牛仔褲應該也有很多好看的款式，值得參考。引起話題的進口牛仔褲如果適合自己，當然也很好，可是對我來說都太大件了。褲子或裙子只要有細微的差別就很明顯，我覺得還是最瞭解亞洲人體型的亞洲品牌令人安心。

除了緊身褲以外，這件高腰牛仔褲是
我第一次嘗試黑色長褲。
由於褲檔夠長，對腹部
不會造成負擔。上衣很容易
紮進褲子，夏季時我常穿這件牛仔褲。

這個牌子推出的一般長褲我很喜歡，
果然牛仔褲也超優秀。
就算不把褲管改短也可以直接穿，
我很喜歡它的版型。

偏紺藍的深藍色牛仔褲，
感覺像是比較休閒的海軍藍長褲。
錐形褲設計與九分的褲管
對我來說剛剛好。

UNIQLO 上衣 × 最喜歡的牛仔褲

報童帽、頭巾、絲巾這類配件，
會改變一個人的印象，在運用其中一種元素時，
搭配簡單的 T 恤與牛仔褲就很協調。
T 恤最好稍微寬鬆一點，
涼鞋以平底鞋最理想，顯得輕鬆自在。

T 恤：**UNIQLO**
牛仔褲：THE SHINZONE
報童帽：GU
包包：Clare V.
女鞋：NEBULONI E.

立領設計的圓領襯衫看起來比較不拘謹，
在日常生活中很容易搭配。相反地，
牛仔褲適合選直筒的，訣竅就是讓
上下半身的氣質協調。由於這是適合全年
穿搭的配色，可以利用配件營造季節感。

襯衫：**UNIQLO**
牛仔褲：STUNNING LURE
草帽：qcillo & c
包包：Fatima Morocco
高跟鞋：JIMMY CHOO

帶有「巴黎風」的條紋衫，看別人穿覺得很可愛，
但是自己這樣打扮卻有點不好意思；
如果條紋變寬，變成灰白相間，任何人都能輕易嘗試。
上衣是 S 號的男裝，恰到好處的寬鬆感也不錯。

上衣（男裝）：**UNIQLO**
帽子：**UNIQLO**
牛仔褲：upper hights
包包：J & M DAVIDSON
絲巾：GUCCI
女鞋：SPELTA

我在電車上偶然看到一位男士的衣著，
覺得很喜歡，想模仿他的穿搭元素。
藍色的條紋衫與焦糖色針織衫的組合，
同時兼具清潔感與高級感。
錐形牛仔褲搭配樂福鞋能讓腿顯得修長。

針織衫（男裝）：**UNIQLO**
襯衫（男裝）：**UNIQLO**
牛仔褲：CLANE
太陽眼鏡：MOSCOT
帆布包：MELROSE AND MORGAN
樂福鞋：MICHEL VIVIEN

想要顯得正式得體的日子，不妨選擇
「UNIQLO 黑 × 女性化黑色」

因為我平常的衣著都偏休閒風，遇到「必須穿著正式服裝」時，往往不知道該穿什麼才好……黑色正式服裝原本是我相當不擅長的領域，不過這時也可以藉助 UNIQLO 的單品。

如小孩的入學式、成果發表會、畢業典禮，或是告別式等必須穿著套裝的場合除外；**我通常會搭配質地光滑的衣物穿成一身黑。**

聚酯纖維或縲縈等略顯光滑的黑裙或黑色罩衫，具有與場合相符的質感，能將 UNIQLO 簡單的黑色映襯得更華貴；而且其實 UNIQLO 本身就有很豐富的黑襯衫與罩衫。幸運的是，**黑色是不容易顯現出色差與質感差異的色彩，穿搭的效果就像事先準備好的整套服裝，**這一點也很令人開心。

雖然可能也有少數例外，我的 UNIQLO 衣物通常都在家自己洗。即使是個人最好的衣服，如果保管不當壓得縐縐的，或是帶有強烈防蟲劑的氣味，穿去正式場合還是很失禮。相形之下，維持得乾淨體面，而且方便行動的黑色穿搭，或許才是比較妥適的裝扮吧。

縲縈纖維的開襟衫與緞面裙，
隨時就能搭配成一套。
因為黑色在乍看時，
不容易察覺出質感的差異，
即使衣物的質料不同，
也能毫無違和感地搭配在一起。

開襟衫：**UNIQLO**
裙子：Deuxième Classe
帽子：KIJIMA TAKAYUKI
包包：J & M DAVIDSON
高跟鞋：NEBULONI E.

SCENE

1 女生聚會

質料光滑的圓點黑色開襟衫，
既屬於「UNIQLO黑」，也是「帶有女性特質的黑」，
用黑色牛仔褲簡單地搭配。
可以露出一些肌膚，
讓圓點不至於顯得孩子氣。

罩衫：**UNIQLO**
牛仔褲：THE SHINEZONE
耳環：PHILIPPE AUDIBERT
包包：JIL SANDER NAVY
高跟鞋：3.1 Phillip Lim

SCENE

2 派對

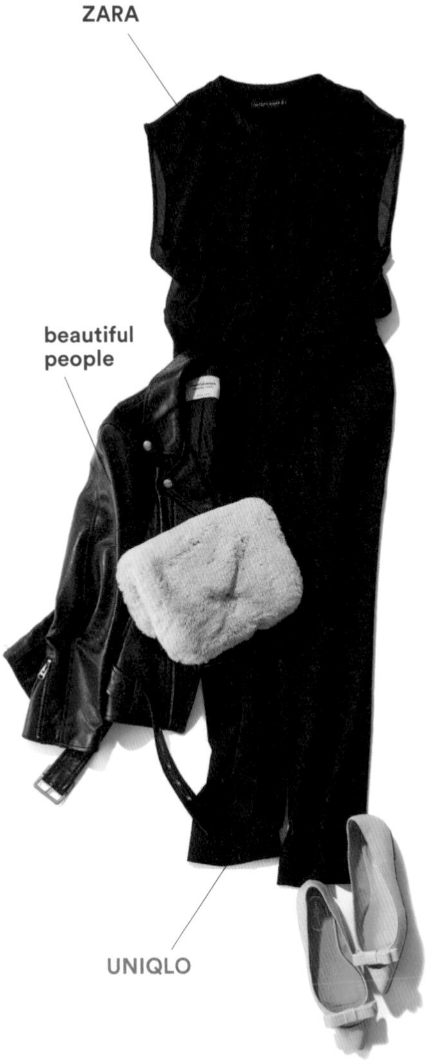

在參加派對時，可能需要長時間站著，
可以選擇穿中低跟的鞋較為舒適，
並透過穿搭拉長全身線條，達到修飾的效果。
黑褲是在「經典單品」中介紹過的錐形褲。
褲腰有伸縮性，就算不小心吃太多也不必擔心（笑）。

長褲：**UNIQLO**
上衣：ZARA
外套：beautiful people
包包：PLST
平底鞋：J & M DAVIDSON

SCENE

3 上班

因為平常較少穿這件黑外套，
為了避免給人生硬不適合的印象，
裡面搭配的是常穿的Ｔ恤。
外套長度可蓋過腰臀的話，
搭配能使身形顯得挺拔的緊身褲最為理想。

T 恤：**UNIQLO**
外套：ebure
牛仔褲：MOUSSY
項圈：JUICY ROCK
包包：J & M DAVIDSON
絲巾：manipuri
高跟鞋：JIMMY CHOO

SCENE

4 告別式

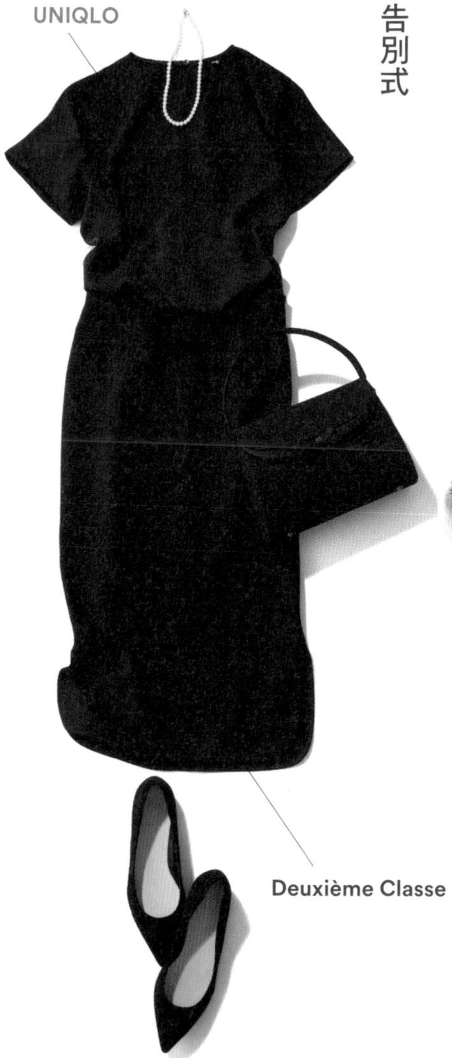

我曾在炎熱的夏季經歷親戚家的告別式，
不免覺得傳統正裝令人感到拘束又僵硬，
正因為法事項目繁瑣，沒辦法時常清洗更換衣服，
所以容易清洗的縲縈開襟衫方便許多。
只要搭配類似質料的衣物，看起來就像一整套。

罩衫：**UNIQLO**
裙子：Deuxième Classe
項鍊：CADEAUX
包包：TAKASHIMAYA
女鞋：ADAM ET ROPÉ

一直都很喜歡的「粉紅色」與UNIQLO簡單搭配，展現洗練從容的自信

學生時代，我曾經穿著當時正流行的蕾絲連身裙赴約，卻被笑說看起來「很浮誇」。從此以後，我再也不碰有蕾絲、荷葉邊、蝴蝶結等風格甜美的衣服，不過「粉紅色」的衣服卻不在此限。這或許傳達出「其實我想穿可愛衣服」的慾望吧（笑），在我的衣櫥裡，粉紅色系衣物的比例遠超過預期。

粉紅色其實是很好搭配的顏色，**除了想增添柔美的氣息時可以運用，色系的範圍也很廣，跟米色、灰色等基本色搭起來都很協調**，具有適合反覆穿搭的優點。

其中我最喜歡的是比較沒那麼亮的煙燻粉紅，或是稍微帶點橘色的珊瑚紅、鮭魚粉紅這類顏色。煙燻粉紅不會太過少女風，成熟女性也能輕易嘗試，珊瑚紅或鮭魚粉紅跟各種膚色都很合，即使夏季皮膚曬黑也不必擔心，整年都適合搭配是一大魅力。

由於粉紅色本身已經很可愛，在選擇款式時最好力求簡單。我想無論如何，成熟女性還是衣著休閒自在，看起來比較有魅力。

雖然沒有刻意而為，
不過自己選的衣物果然顏色都很相近。
由於單品的質料與觸感各不相同，
能夠配合不同季節，
穿搭出最賞心悅目的衣著。

（從右起逆時鐘方向）
百摺長裙：ELIN　長褲：JOURNAL STANDARD L'ESSAGE　帽子：GAP　針織衫：STUNNING LURE T恤：Uniqlo U　圍巾：baby mo　涼鞋：MANOLO BLAHNIK

SEASON 1 春季穿搭

不論流行如何變遷，最適合春天的顏色依然是粉紅。
這也是一年之中，最適合體驗粉紅色美感的季節，
所以不妨穿上有足夠膨度的長裙，大膽地展現。
想將甜美的色彩映襯得更高雅，可以搭配合身的針織衫。
為了禦寒以及維持整體的平衡感，圍巾也不可或缺。

針織衫：**UNIQLO**
長裙：ELIN
圍巾：Johnstons
提籃包：12closet
平底鞋：SPELTA

SEASON 2 夏季穿搭

UNIQLO 推出許多我喜愛的粉紅色系衣物。
略帶煙燻粉紅的色調雖然不錯，
但若煙燻感太強烈覺得沉重的話。
不妨試試亮紫色的長褲，
搭配明亮有活力的色彩。

T恤：**Uniqlo U**
長褲：STUNNING LURE
草帽：SENSI STUDIO
包包：JIL SANDER NAVY
高跟鞋：Christian Louboutin

SEASON

3

秋季穿搭

與膚色相襯的玫瑰紅搭配淡灰色；
藉由疊穿白色Ｔ恤，為這兩種顏色劃出區隔，
塑造出視覺上的層次感。
儘管到了秋天，仍有許多日子會熱到出汗，
所以「溫暖」的單品僅限於平底鞋、皮包這類配件。

長褲：**UNIQLO**
毛衣：STUNNING LURE
T恤：SLOANE
包包：YAECA
圍巾：BEAUTY&YOUTH
高跟鞋：FABIO RUSCONI

SEASON

4

冬季穿搭

緋紅色的燈芯絨長褲別具特色，
在「天天穿著外套」的冬季裡，常有機會登場。
身穿牛角釦毛呢大衣時，裡面搭配V領的羊毛衫，
流露些許女人味。還有一個重點，
粉紅色系以外，盡量不要參雜其他顏色。

羊毛衫：**UNIQLO**
牛角釦大衣：SCYE BASICS
長褲：JOURNAL STANDARD L'ESSAGE
包包：YAHKI
帆布鞋：CONVERSE

用UNIQLO的圍巾層層環繞，方便又能迅速搭配造型

圍巾既能簡單地營造出華麗的效果，又能防寒，還能夠作造型。有這麼多優點，對我來說當然是不可或缺的單品。

通常我會將圍巾一圈圈**粗略地環繞在針織衫或上衣的領口**。這種像甜甜圈般的圍法，最早是因為我對於手邊針織衫的領口弧度不滿意，想要遮住領口而開始嘗試。裹上圍巾後，**由於重心往上移，就算穿平底鞋整體還是很協調。臉部看起來也會變得比較小**，所以我現在幾乎都這麼圍。在繞完以後，只要把圍巾邊緣的穗綴適當地塞進漩渦中，看起來就有模有樣。建議在趕時間的早晨，或是覺得上身太單薄時運用。

說到良好的觸感，以喀什米爾羊毛最理想。我很喜歡的品牌Johnstons與Joshua Ellis，產品價格都很高，帶來的美好感受卻也無與倫比。不過圍巾最重要的是立體感，所以盡量選大幅一點的準沒錯。有圖樣的圍巾效果比較華麗，但是單色其實比較好搭。無論選擇哪一種，只要圍巾跟上衣的顏色相襯，就會顯得高雅。

白圍巾：yusamizu
咖啡色圍巾：Johnstons
格紋圍巾：Joshua Ellis

照片中的格紋圍巾
採用輕盈的亞麻素材。
亞麻有一定的柔軟度，
雖然薄但是很容易塑造出立體感。
適合冬季的喀什米爾羊毛圍巾，
只要稍微繞幾圈，
就能帶來春天的氣息。

針織衫：**UNIQLO**
圍巾：yusamizu
包包：3.1 Phillip Lim
耳環：chigo

當整體穿搭都是柔和的色彩時，
素色而且質感佳的圍巾
能展現恰到好處的點綴。
如果圍巾跟上衣的顏色一致，
看起來會更優雅。
層層圍繞的圍巾＋丸子頭，
是最厲害的小臉秘訣（笑）。

針織衫：**UNIQLO**
長褲：**UNIQLO**
圍巾：yusamizu
包包：JIL SANDER NAVY

乍看類似，其實還是有所差別的「UNIQLO×戶外休閒品牌」

跟第80頁搭配「有點酷帥」的單品原理相同，如果女性穿著男性化的服裝，譬如野外配備或是運動裝，反而更能襯托出可愛與女性化的氣質。

最早從運動休閒服開始，近年來運動品牌蔚為風潮。去年冬天流行絨毛與隨身側背包，各戶外休閒品牌都受到注目，不過像這類**有來歷的流行單品，當然還是以「最正統」的品牌為佳**。將設計簡單的UNIQLO，跟雖然好看但不顯昂貴的休閒服搭配時，的確是「知名品牌」的休閒服感覺比較洗練。

同樣的情形也出現在選球鞋時。現在各服飾品牌都推出「看起來像CONVERSE」的帆布鞋，以及眾多「感覺像愛迪達經典款」的鞋款。不過因為缺乏品牌的特性，難免給人廉價的印象。不過即使是休閒風的打扮，成熟女性還是應該要有相襯的價值感。**在想要好好享受休閒穿搭的日子，還是選擇最經典的品牌吧。**

UNIQLO 的
男裝連帽衣感覺也很好！

THE NORTH FACE

這是風行一時的絨毛外套。
許多品牌都推出過類似的商品，
但是戶外休閒品牌的製品
特別保暖！
正反都可以穿，相當實用。

連帽衫（男裝）：**UNIQLO**
T恤：**Uniqlo U**
絨毛外套：THE NORTH FACE
牛仔褲：MOUSSY
腰包：patagonia
球鞋：PATRICK

當我正在尋找感覺跟運動衫不太一樣
的休閒上衣，
一眼就看上了這款鬆餅格紋綿衫。
版型雖然男性化，
米白色的質地仍然帶來可愛的印象。

GOLDWIN

流行的絨毛素材也運用在上衣。
雖然是女裝，但是尺寸卻設計得像男裝一樣大，
所以在打扮時必須力求簡單。

patagonia

這是我在「H BEAUTY & YOUTH」購買的腰包。
當我對於運動休閒風的穿搭缺乏靈感時，
就會去逛熟悉的選品店。

COLUMN 04

除了 UNIQLO 以外的平價時尚，也推薦這些單品！

GU

我陸續買過時下流行的配件。價格便宜，讓人覺得萬一不合用也就算了，但令我訝異的是，每樣都可以用很久。

GAP

不只推出時下流行的款式，基本款的丹寧衣物也有很好的品質，這就是 GAP 的優點。幾年前買的丹寧外套現在還是很常穿。

無印良品

每年我都會添購基本色系的坦克背心。除了版型與質料佳，因為沒縫布標，所以穿著時不會覺得刺刺的，這也是我的考量。

我對於品牌並不特別執著，不過從手邊自然而然增加的物品來看，果然一家店裡最拿手的領域，自然會出現經典商品。

就像一直以來，以素材觸感良好聞名的「無印良品」，適合選購肌膚會直接接觸的衣物，譬如坦克背心與細肩帶上衣等。休閒服品牌「GAP」適合選丹寧衣物，融合時尚的「GU」擅長當季的配件……

結果其實還是每家「各有所長」。在變化快速的平價時尚界，也是如此。

COLUMN 05

依照色彩收納衣物，讓早晨的穿搭變得更輕鬆

針織衫、上衣、長褲……如果依照衣物的種類整理，很容易變得只穿抽屜上層的衣服、重覆購買類似的款式，陷入「衣服雖多，對於打扮卻沒有幫助」的窘境。不過有一次，我聽到時尚領域的專家說「如果衣櫥空間有限，以顏色區分比較不會造成浪費」就試著身體力行，結果發現意外地適合自己。

以顏色區分，首先衣物變得很好找，更能掌握自己擁有的衣物，所以買錯衣服的機率大幅減少。而且我通常是依照當天的心情選衣服，如「今天睡眠充足，精神飽滿，所以想穿明亮的顏色」，而關鍵多半是顏色或圖樣，如果能更容易看到目標，可以縮短選擇的時間。對於每天早上總是為選衣服而煩惱的人，改變衣物擺放的方式，或許會有幫助。

UNIQLO
MIX
STYLE

結語

我寫這本書的出發點，是希望傳達在雜誌上無法完整分享的訊息，雖然全書預計有一百多頁，但是我經常感到不安，自己想表達的想法，真的都能如實呈現嗎？不過，實際上開始著手後，卻發現意外地順利，而且寫這本書的過程也讓我覺得很愉快。

我想這也證明 UNIQLO 的衣服——也就是簡單的衣服，可以帶來多樣化的穿搭樂趣，蘊含著許多巧思。

我想透過這本書傳達的，並不是聽到別人讚美「打扮得很漂亮」有多好，而是自己能「享受打扮的樂趣」才是最重要，也是最美好的事。

追根究底，我認為打扮是「為了自己與旁人」。

隨著長大成人，打扮可能是為了交往的對象，也可能是為了工作，有了小孩以後，最在意的是衣服好不好洗，就算弄髒也不必擔心，再也不是自己喜歡什麼就穿什麼。

而且穿搭是每天的例行公事，不可能大費周章。

所以無法再像年輕時那麼肆無忌憚地享受打扮的樂趣，即使衣著變得缺乏特色，也無可奈何。

正因為如此，要是藉著每個人都能獲取且價格平易近人的 UNIQLO，能讓大家重拾打扮的樂趣，我想那是再好不過的了。

正如前面提到，從 UNIQLO 能體會豐富的穿搭樂趣，所以值得多花點心思。雖然穿衣只是個尋常的過程，但也可以試著加強平常不特別在意的髮型與妝容，或是在平常沒去過的地方，找到適合自己的衣服，這其中的每一段過程，也將成為充盈幸福的時光，留佇在記憶中。

趁著寫這本書，我也重新檢視自己的衣櫥，思考如何讓打扮變得更愉快。而另一項收穫，則是讓自己也對穿搭再度抱持期待的心情。

能夠有這樣的體會，要歸功於這本書。對於給予我機會的每一位讀者、以及協助完成這本書的諸位工作人員，我想獻上由衷的感謝。

非常謝謝你們，一路讀到這裡。

1＋1＋1的UNIQLO時尚疊穿術

作　　者／伊藤真知
譯　　者／嚴可婷
主　　編／林巧涵
責任企劃／許文薰
美術設計／白馥萌
內頁排版／唯翔工作室

日文版工作人員
撮影　須藤敬一（人物）
魚地武大（TENT／静物）
金栄珠（講談社写真部／人物&静物単品切り抜き、ショップ、化粧品、ヘアプロセス）
ヘア&メイク　神戸春美
スタイリング協力　池田メグミ
撮影協力　UNIQLO
ロケバス　渡邉一馬（HORSE）

第五編輯部總監／梁芳春
董事長／趙政岷
出版者／時報文化出版企業股份有限公司
108019台北市和平西路三段240號7樓
發行專線／（02）2306-6842
讀者服務專線／0800-231-705、（02）2304-7103
讀者服務傳真／（02）2304-6858
郵撥／1934-4724時報文化出版公司
信箱／10899 臺北華江橋郵局第99信箱
時報悅讀網／www.readingtimes.com.tw
電子郵件信箱／books@readingtimes.com.tw
法律顧問／理律法律事務所　陳長文律師、李念祖律師
印　　刷／和楹印刷有限公司
初版一刷／2020年7月17日
定　　價／新台幣350元

ISBN 978-957-13-8249-4 | Printed in Taiwan | All right reserved.

時報文化出版公司成立於一九七五年，並於一九九九年股票上櫃公開發行，
於二〇〇八年脫離中時集團非屬旺中，以「尊重智慧與創意的文化事業」為信念。

1+1+1的UNIQLO時尚疊穿術 / 伊藤真知作；嚴可婷譯. -- 初版. -
臺北市：時報文化, 2020.07
ISBN 978-957-13-8249-4（平裝）
1.女裝　2.衣飾　3.時尚　423.23　109008250

《「UNIQLO WA 3MAI KASANERUTO OSHARE」 NO HOUSOKU》